JN193983

角田史雄 | 藤 和彦
Fumio Tsunoda | *Kazuhiko Fuji*

方丈社

はじめに

「プレート説」は真理なのか

地球の陸地の面積の0・5%を占めるに過ぎない日本では毎年、世界で起きる1割以上の地震が発生すると言われています。「地震大国日本」と呼ばれるゆえんです。

2024年元旦、このことを改めて痛感する大地震が発生しました。

1月1日午後4時10分ごろ、石川県能登半島の地下16kmを震源とする「令和6年能登半島地震（マグニチュード7・6）」です。この大地震で日本全体が正月気分どころではなくなってしまったのは記憶に新しいところです。

死者数は318人（2024年7月23日時点）、被災地では現在も厳しい状況が続いています。

4月17日には愛媛・高知両県でマグニチュード6・6の地震が発生しました。この地震の発生場所が南海トラフ巨大地震（南海トラフ地震）の想定震源域内だったことから、「超巨大地震の前兆ではないか」との声が上がりました。

これに対し、政府の地震調査委員会は「この地震は南海トラフ地震が起きることが想定されているプレート（岩板）の境界で起きたものではない。海側のプレート内部で断層がずれたことが原因だった」とした上で「この地震により南海トラフ地震の発生可能性が高まったとは言えない」と結論づけ、事態の沈静化に躍起になりました。

南海トラフ地震については本文で詳しく説明しますが、日本で近い将来起きる可能性が極めて高いとされる超巨大地震のことです。

地震調査委員会の見解にもあったように、プレートの運動が地震を引き起こす原因だとされています。

地球の表面を覆うプレートの運動によって地球上の様々な現象を解き明かそうとする学説を「プレートテクトニクス」（以下、プレート説）と言います。「テクトニクス」とは「構造運動」という意味です。

プレート説によれば、地震はプレートによる衝突と、プレートの沈み込みによって起きるとされています。

「地球の表面には十数枚のプレートが存在し、地球内部の熱があふれ出す海嶺から生まれた重い海洋プレートが、年間数センチメートル単位で移動し、軽い大陸プレートを引きずり込みながら沈降し、海溝をつくった。沈み込む際に生じるひずみエネルギーが解放されることで地震が起こる」というものです。

文部省（現・文部科学省）が1970年の高校の学習指導要領を改訂（実施は1973年）して以来、地学の教科書では「プレートによって地震が起きる」と説明されています。学生時代にプレート説を習った記憶のある読者も多いことでしょう。

プレート説は原理が単純であり、視覚化しやすいという特徴があります。そのため、大きな地震が起こるたびに、新聞やテレビなどにプレート説を説明する図がたびたび登場します。

このような「刷り込み現象」が続いた結果、プレート説は地球科学の分野の原理の中でダントツの勢いで普及しました。ほとんどの日本人にとって今やプレート説は疑いようのない「真理」になっていると言っても過言ではありません。

しかし、はたしてそうでしょうか。

というのは、詳しくは本文で述べますが、**1960年代に登場したプレート説は現在、その前提のほとんどは正しくないことが明らかになっている**からです。

にもかかわらず、**ほとんどの日本人がプレート説に何ら疑問を呈しない状況にある**のです。


2023年から2024年にかけて、経済アナリストの森永卓郎氏の『ザイム真理教——それは信者8000万人の巨大カルト』(フォレスト出版)という本がベストセラーになりました。

この本のタイトルにある「ザイム」とは、改めて言うまでもなく財務省のことです。

著者である森永氏は「借金で首が回らない政府が、財政破綻を回避するために増税することはやむを得ない」とする財務省の主張を「ザイム真理教」と呼んでいます。

森永氏によれば、財務省の財政緊縮策のせいで日本経済は成長できなくなってしまったのに、国民の7割近くが財務省の政策に理解を示しているそうです。

森永氏は、日本人を不幸にしている財務省の政策の問題点を広く一般の方々に理解してもらうためにこの本を書いたのだと述べています。

この『ザイム真理教』を手に取って思ったのは、「はじめにプレートありき」と唱える、言わば「プレート真理教」のほうがはるかにヤバいのではないかということです。

なぜなら、ザイム真理教の信者は日本人の7割弱（8000万人）ですが、プレート真理教の信者は日本国民のほぼすべて（1億2000万人）だからです。

地震予知は日本人1人1人の生死に直結します。プレート説が日本に導入されてからの50年間、日本では多くの巨大地震が発生しましたが、プレート説に基づく地震予知はすべて外れています。

森永氏は「ザイム真理教に宗教性はない」と述べていますが、「プレート真理教にはキリスト教の思想的背景がある」との指摘があります。

新トマス主義と呼ばれるキリスト教思想です。

ルネッサンス時代直前のイタリアの修道士トマス・アクイナスが神の存在を系統立てて

説いた教義を19世紀に甦らせたのが新トマス主義です。

19世紀の産業革命以降の物質中心主義がはびこる世相に対して、トマスの教えをもとに唯一の神の存在を主張したのですが、プレート説の確立に参画した多くの研究者がこの宗教思想を支持していたことがわかっています。

彼らは地球の表面にプレートがあると見立て、プレートによってすべての地質現象を説明しようとする構図は新トマス主義と同じだと思います。

1億2000万人の信者を擁するプレート説は現代の「天動説」

プレート説の誤りについては第1章で説明しますが、ここでプレート説にとって「不都合な真実」を1つ提示しておきたいと思います。

プレート説によれば、「大きな地震はプレートの境界面近くでしか起きない」とされていますが、**2008年5月に起きた中国の四川大地震**（マグニチュード8・0）**の発生原因はプレート説では説明できない**のです。

と言うのは、この**四川大地震の震源は、プレートが衝突したり沈み込んだりするとされ**

ている場所から2000㎞以上も離れているからです。

私とともに本書を執筆した角田史雄氏は、2007年の埼玉大学の講義で「中国の雲南省から四川省あたりで近い将来、大きな地震が起きる」との予測を学生の前で披露しました。

それは、プレート説に代わって地震の発生を説明する「熱移送説」に基づく地震予測の第一号でした。この熱移送説については第3章で詳述します。

ちなみに、地震予測は「20××年×月×日にどこで」というようにピンポイントで予測できるものではありません。この四川大地震の予測でもわかるように、「四川省あたりで近い将来」というところに、むしろ角田氏の科学者としての誠実さを感じます。

ちなみに今、**角田氏が気になっている日本の地震として、伊豆地方の北の端、具体的には富士五湖から沼津市にかけての地域を挙げています。この地域は約30年に一回の頻度で大きな地震が起きているので要注意**というわけです。

話を熱移送説に戻します。

プレート説が普及する以前の日本では、地下のマグマの活動が地震発生に関係していると考えられてきました。マグマとは、地球の内部で岩石がドロドロに溶けた液体のことです。

角田氏が唱える熱移送説に近い学説は１９６０年代半ばに既にありました。それは東京大学地震研究所の松澤武雄氏の「熱機関説」です。

松澤氏は１９６５年に長野県松代町で起きた群発地震の調査を主導し、その結果から**「地震の原因は地下のマグマの活動に間違いない」**と確信しました。ちなみにこの調査には、当時の著名な地球科学研究者の多くが参加していました。

プレートと違って、マグマが地下に存在することは科学的に証明されています。

地震予知に関する確かな一歩が踏み出されたのですが、その直後の１９６９年にプレート説が日本に導入されたことが災いし、残念なことにこの研究は地震研究のメインストリームにはなりませんでした。

「プレート説が真理だ」と信じ込んだ学者たちが、米国の威光を笠に着て、松澤氏の熱機関説を駆逐してしまったのです。

１９７０年代当時の地質学者は日本の国土の実情に照らして「プレート説は正しくな

い」と判断していました。そのため、プレート説の導入に消極的だったのですが、プレート説を信奉する学者たちの眼には「日本の地質学者はレベルが低い」と映りました。その結果、地質学者は地震学における発言権を奪われてしまったのです。その経緯は第２章で触れます。

私は日本の地震学の将来について憂慮しています。「地震学はかつての天動説に似てきているのではないか」との不安が頭をよぎります。

天動説とは「宇宙の中心に地球があり、その地球の周りを惑星や月、太陽、星々などが回っている」という天文学の１つの説です。

紀元１５０年前後のエジプト・アレクサンドリアで活動していたプトレマイオスは、天動説の集大成とも言える『アルマゲスト』という書物を出版しました。

プトレマイオス以降、ローマ帝国ではしばらくの間、この難しい『アルマゲスト』を元に研究が重ねられていたのですが、中世に入るとその動きはパッタリと止まってしまいました。

当時の欧州の人々は「キリスト教の宇宙観は絶対だ」と盲信するようになり、宇宙自体を探究することをやめてしまったようです。

このため『アルマゲスト』は、1543年にコペルニクスが『天体の回転について』という地動説の本を出版するまで、1400年もの長きにわたって権威を保ち続けたのです。

学問の現場で自由な気風がなくなりつつある中、地震学者からプレート説に代わる新たな学説を生み出そうとする動きはほとんどありません。内心おかしいと思いながらプレート説に依拠した研究を続けていても、学問的な刺激はかき立てられないでしょう。そのせいでしょうか、最近、地震学を目指す地球科学系の若者が減少しています。

50年を無駄にした日本の地震学

このように見てくると、日本の地震学はこの50年間を無駄にしてきたと言わざるを得ません。無駄どころかむしろ有害な存在になりつつあります。

南海トラフ地震の発生ばかりに注目が集まっていることに大きな問題があります。

東日本大震災以降、南海トラフ地震の危険性が喧伝されるようになりましたが、**東日本**

大震災以降に起きた大地震は、２０１６年の熊本地震、２０１８年の北海道胆振東部地震、２０２４年の能登半島地震など、南海トラフ地震以外の地域ばかりです。

南海トラフ地震の危険性の根拠はプレート説に基づくものです。**南海トラフ地震はフィリピン海プレートが南海トラフに沈むことで起きるとされていますが、フィリピン海プレートを生成する活動的な海嶺はいまだに見つかっていません。**

このため、「沈み込みによりフィリピン海プレートの面積は徐々に小さくなっており、いずれフィリピン海プレートはすべて沈み込んでしまい、地球上から姿を消してしまうのではないか」と指摘する地震学者もいます。「語るに落ちた」とはこのことでしょう。**ありもしないフィリピン海プレートを前提に「巨大地震が必ずやってくる」と叫び続ける地震学者の姿を見るにつけ、暗澹たる思いになります。**

「想定外の地震」の発生に狼狽した地震学者が、責任逃れのための格好の材料として南海トラフ地震の危機を叫んでいる実情も明らかになっています。

地震学のせいで私たちは「災害を正しく恐れる」ことすらできなくなっているのです。

はっきり言って、プレート説に依拠した地震予知は無駄です。直ちに廃棄すべきでしょう。

地震は地下の岩盤が割れてズレることによって発生する現象であることから、松澤氏は「地域ごとに地震の前兆を見極めるべきだ」と考えていました。

この観点から、阪神淡路大震災以降、各地に設置された地震計が示す情報をリアルタイムで解析することが有用だと思います。

各地に設置された地震計が示す微弱地震の発生状況は地震の予知に役立つと考えられるからです。

日本列島からはるかに離れた海底の動きを把握するより、はるかに確実な方法です。

全国の地震計を管理している気象庁はただちにこの情報を地方自体関係者らに開放し、地域ごとに地震予測を策定していくべきだと思います。

その際、日本全体で約２０００人いるとされる地震学者は、これをサポートすべきです。

さらに、地震被害を最小限に抑えるという「減災」の発想に立ち、各自治体が主体となって「震度7でも耐えられる街づくり」を推進してほしいと思います。このことは第4章で詳しく述べます。

地震発生を予測することは本来、難しいことですが、地震発生のメカニズムを誤って理解しているようでは話にならないのです。

なお本書は、第1章と第2章は藤が、第3章と第4章は角田が、それぞれ分担して執筆しました。

1日でも早く日本の地震学を正しいあり方に戻し、地に足の着いた形で防災対策を講じることができればとの思いで本書を執筆しました。

読者に少しでも有益な視座を提供できれば望外の喜びです。

2024年7月

藤 和彦

装丁　倉田明典
組版　山口良二

南海トラフM9(マグニチュード)地震は起きない

「想定外逃れ」でつくられた超巨大地震の真実

目次

第1章　プレート説は「現代の天動説」

第2章　日本地震学の「黒歴史」

第3章

地下の「熱移送」が地震を引き起こす

第4章 日本の防災対策を抜本的に見直せ

第1章

プレート説は「現代の天動説」

プレート説とは何か

羅列的になりますが、まずプレート説の典型的な説明を紹介しておきます。

①地球はほぼ球形で半径は約6400㎞。地表から中心に向かって、地殻、マントル（上部マントル・下部マントル）、核（外核・内核）という構造になっている。

②地殻とマントルは岩石、核は金属からできている。

③地球は深くなるほど温度が高くなるため、地表付近の岩石は硬く、深いところの岩石は溶けて柔らかい状態である。地殻と上部マントル浅部の温度は低く硬い岩盤の領域をプレートと呼ぶ。プレートとは地球表面を覆っている薄殻のようなものだ。

④地球表面を覆うプレートは大陸プレートと海洋プレートに分けられる。

⑤大陸プレートとはユーラシア大陸やアフリカ大陸などを載せた軽いプレートだ。海洋プレートの多くは海面下にあり、大陸プレートよりもやや重い岩盤で構成されている。

⑥地球表面を覆っているプレートの数には諸説あるが、太平洋プレートやユーラシアプレートのような大きなプレートは十数枚ある。大きなプレートの間を埋めるようにたくさんの小さなプレート（マイクロプレート）がある。
⑦プレートは海嶺（海底山脈）から生まれ、海洋底を移動した後、海溝やトラフ（海底の凹地、海盆）に沈む。
地下の高熱のマグマが吹き上げてつくられた海嶺は、高さ2000〜3000mの海底火山山脈である。
⑧プレートの移動速度は年間数cmから10cmほどだ。1年での移動はわずかだが、100万年以上経てば移動距離は大きくなる。
⑨地球では十数枚のプレートがぶつかったりすれ違ったり、片方のプレートがもう1つのプレートの下へ沈み込んだりしている。運動する2つのプレートが接する境界は、その運動のタイプにより3つに分類される。
⑩1つ目はプレート同士が遠ざかる発散境界。発散境界（海嶺）では、遠ざかるプレートの間を埋めるように新しいプレートが誕生する。
⑪プレート同士が水平にすれ違う場所もある（横ずれ境界）。

⑫あるプレートが別のプレートの下に沈み込んだり、衝突したりする収束境界もある。収束境界では重い海洋プレートが軽い大陸プレートの下に沈み込む（プレート沈み込み帯）。プレートの沈み込み口は海溝やトラフと呼ばれている。海溝は深さ6000m以上、トラフは深さ6000m未満の窪地にたとえられる。日本列島はプレート沈み込み帯に位置している。日本列島は、2つの陸地プレート（北アメリカプレートとユーラシアプレート）と2つの海洋プレート（太平洋プレートとフィリピン海プレート）の上に載っている。

⑬硬い岩盤であるプレートは、その内部が変形することはほとんどなく、プレート同士の運動によって引き起こされる変形や力はプレート境界に集中する。このため地球上の地学現象（山地・山脈の形成、地震の発生、火山噴火など）のほとんどはプレート境界で起きる。

⑭密度がほぼ同じ大陸プレート同士が対面すると衝突が起きることもある。例えば、世界の屋根として知られるヒマラヤ山脈は、大陸プレートであるインドプレートとユーラシアプレートの衝突によって隆起したものだ。

プレートは海嶺で誕生？

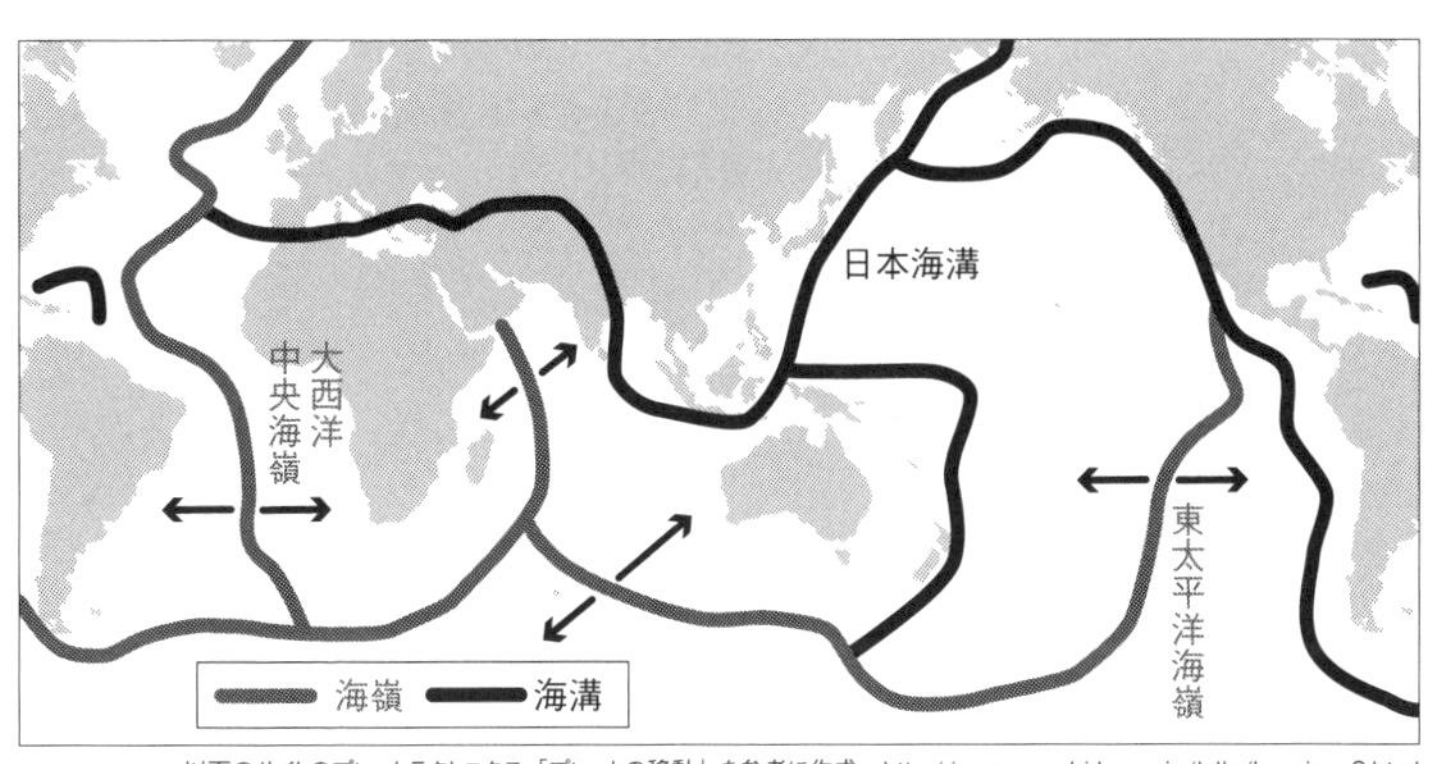

以下のサイトのプレートテクトニクス「プレートの移動」を参考に作成。http://www.max.hi-ho.ne.jp/lylle/kaseigan3.html

「海嶺には熱いマントルがなく冷たくプレートを生むだけのパワーがない」と『Nature』などの科学誌が指摘している。

以上がプレート説の概略です。

世界の国土面積の約0・5％を占めるに過ぎない日本で世界の地震の1～2割、火山の約1割が分布するのは、プレート沈み込み帯に位置するがゆえの宿命だとされています。

米ソの冷戦中に誕生したプレート説

現在では当たり前のように信じられているプレート説ですが、この概念が生まれたのは1960年代の米国においてでした。

第二次世界大戦まで地質学の研究対象は、主に陸上の山脈や台地をつくる岩石の性質やその構造でした。

プレート説の誕生には、海洋底に関する研

究が急速に進み、新たな知見が得られたことが大きく関係しています。

この研究を支えたのは主に米国であり、軍事的な関心から出発したものでした。プレート説は海洋を巡る軍事科学の進歩の賜と言っても過言ではありません。


大戦後まもなく米ソの冷戦が始まりましたが、**米ソ冷戦時代の主力兵器は核爆弾であり、それを運搬する原子力潜水艦は欠かせない存在**でした。

このため米軍は、**深海で航行することが多い原子力潜水艦の安全を確保するため、多額の予算を投じて海底の凹凸を詳細に調べるようになった**のです。

深海に潜水すると電波を利用して位置を把握することができないことから、音波を海底に発射して船の位置を確定することが必要になったからです。


米軍は第二次世界大戦中から大量の地球科学者を動員して、潜水艦や磁気機雷の探査のための研究に従事させていましたが、戦争終結直後に海軍調査局を設立して、海洋底研究に大量の研究費を注ぎ込むようになりました。

米国海軍研究所らの人員と予算は戦後、戦前の5倍以上に膨らみました。

1949年には米国3番目の海洋研究所として、コロンビア大学にラモント地質学観測所がつくられました。

海軍調査局と全米科学財団（NSF）から海洋底研究のために助成された研究費は、1965年には1941年に比べ100倍に増加したそうです。

いかに海軍が潜水艦の安全航行や探知のためのデータを欲しがっていたかがわかると思います。

米軍は海洋測定器の開発にも取り組みました。音響測深や磁気探査、地震波探査の技術が新しい発見に役立ちました。

音波探査の技術は1912年のタイタニック号が氷山に衝突した事件をきっかけに氷山探索のために開発されましたが、第二次世界大戦が始まると潜水艦探知の技術として磨きがかけられ、大戦後は船を走らせながら正確な海洋地形図を描くことが可能になりました。

磁気探査の技術は、第二次世界大戦中に磁気機雷を発見する技術として開発されました。この探査装置はその後、飛行機に積まれ、空から潜水艦を探知するのに活躍しました。

戦後は対潜水艦作戦の一環として、船尾から引いた装置によって海洋地磁気の地図づくりに活用されました。

火薬を爆発させて人工地震を起こし、その地震波を解析することによって地殻の構造を調べる地震波探査の技術も確立されました。

こうした多額の研究費と軍事関連技術によってそれまでほとんど未知だった海洋底の地形や地質構造などが次々とわかるようになったのです。

西太平洋の海底を特徴付ける平頂海山（頂上が平らな海の山や台地）の分布を解説した米国海軍水路部発行の航海指針が発行されました。

これは海洋の水深や地形を利用した航海の道しるべのようなものです。西太平洋に100体を超えて分布する海底の山の形と深さで船位を決定する方法が記されています。

プレート説の誕生

海軍の大々的な調査は地質学に大きな衝撃を与えました。アルプス山脈のような巨大な海底山脈が地球を縫うように連なっていることが明らかになったからです。

大西洋の中央を南北に走る大西洋中央海嶺の存在は19世紀末に知られていました。この山脈は、北はアイスランドから南は南極大陸に近いブーベ島まで1万㎞をはるかに超える大山脈です。

大西洋海嶺はさらに、南極大陸とアフリカ大陸の間を抜けてインド洋中央海嶺に続き、その枝分かれしたものはオーストラリア大陸と南極大陸の間を通って東太平洋海嶺に続いており、総延長が6万㎞にも及ぶ大海底山脈が存在していることが判明したのです。

しかも、こうした中央海嶺の中心部は凹形に落ち込んでおり、そこでは震源の浅い地震が多発していることもわかりました。

こうした海洋底についての観測事実を説明するための学説として最初に提唱されたのは地球膨張説でした。

豪州のタスマニア大学のケアリーは「地球の半径はこの2億年間で1600㎞も膨張したので、地球に裂け目ができた。これが中央海嶺だ」と主張しました。

プレート説の土台づくりの1人となった米コロンビア大学ラモント地質研究所のヒーゼ

ンも当初は「マントル対流は中央海嶺でいつも上昇し、大陸縁では下降流を起こすとは考えられない。地球の各海盆の中央海嶺はひと続きのものであり、地球膨張のあらわれだ」と考えていました。

私は地球膨張説は正しいと考えていますが、その後、海洋底拡大説が登場しました。

海洋底拡大説については、プリンストン大学の岩石学者ヘスと米海軍研究所の海底地質学者ディーツがそれぞれ独立した形で発表しました。

ヘスは第二次世界大戦中、米軍の輸送艦の艦長を務め、火山島が海底に沈んでできた頂上が平らな海山を数多く見つけ、それに「平頂海山」という名前を付けたことで知られていました。

ヘスは1960年に海軍調査局への報告書として「海洋底の進化」と題する論文を発表し、「中央海嶺で湧き出したマグマの層が横に流れて新しい海底をつくる」と主張しました。

この論文はヘスが「本稿は地球詩的論文と考えたい」と書いたほど、多くの推測を盛り込んでいました。

この論文の存在を知らないディーツは1961年に米科学誌『Nature』に「海洋底拡大による大陸と海洋盆の進化」と題する論文を発表しました。

海洋底膨張説は、マントル物質が湧き出して海洋底がつくられるという点では地球膨張説と同じです。しかし、つくられた海洋底がやがて海溝に沈み込み、また元のマントルに戻っていくという点に地球膨張説との違いがあります。

2人はともにマントルで対流が起きていることを前提にしていました。

「マントル対流の湧き出し口が中央海嶺であり、沈み込むのが海溝である。中央海嶺に上昇してきたマントル物質は水と反応したり、冷やされたりして海洋底ができる。次々に作り出された海洋底はマントル対流によって年間数㎝の速度で移動し、大陸の縁である海溝に沈んでいく。海洋底は常に更新されていることから、ジュラ紀よりも古い時代の海洋底は見つからない」と主張しました。

2人はさらに「大陸の下でマントル対流が湧き出すと、大陸は分裂して、対流の沈み込み口付近まで運ばれていく」として大陸移動説を支持しました。

このように、海洋底拡大説をもとにプレート説が構築されていったのです。

プレート説の骨格

プレート説の骨格は、１９６７年から68年にかけてカリフォルニア大学に留学中だったケンブリッジ大学のマッケンジーと、プリンストン大学のモーガン、そしてラモント地質学観測所のル・ビジョンによってまとめられました。

その後、ラモント地質学観測所のオリヴァーたちは「プレートの沈み込みが起きていることを示す証拠が見つかった」と主張しました。

南太平洋のトンガ列島付近で地震観測の結果を詳しく調べた結果、地震がよく起きる場所（震源）は東側から西側にかけて徐々に深くなっていく1つの面に沿って分布し、深さ約７００㎞まで達していることを見出したというのです。

オリヴァーたちは、この地震面を境にしてその下の厚さ約１００㎞の層では、地震が伝わる速度が速く、その周囲の層とは物質の性質が違うことも明らかにしました。

この結果からオリヴァーたちは、中央海嶺でつくられ、マントル対流によって東から移動してきた厚さ１００㎞のプレートがトンガ列島近くで曲げられて下に沈み込み、その境界で地震が起きていると解釈したのです。

ちなみに日本の地震学者は、日本列島の直下で深発地震の分布が斜めに深くなっていくことを比較的早くから知っていました。

音響測深機や磁力計などによる海洋観測で、短い時間に膨大なデータが収集できました。しかし、一方で重大な落とし穴がありました。集められたデータの解釈に大きな誤りがあったのです。

地震波速度が同じ岩石であっても、変成岩や火成岩の違いがあり、それぞれの岩体に地質時代の違いがあります。

海上磁力計で測定した磁力の強弱は、海底のどのような岩層の磁性を反映しているかわからないなどの問題もありました。

つまり、１９６８年ごろの当時のデータだけでは海底の実体がどうなっているのかは明らかにできなかったのです。

宗教色が強いプレート説

さらに問題なのは、プレート説の誕生に米国人の心に根強く生きている宗教的なものの考え方が大きな影響を与えていたことです。本書の「はじめに」で触れた新トマス主義と呼ばれるキリスト教思想です。

19世紀に起きた産業革命以降、物質中心主義がはびこる世相に対して、トマスの教えをもとに唯一の神の存在を主張したのが新トマス主義です。

このカトリック教会の公式教義は、宗教改革運動がなかった米国で主流の考えの1つになったと言われています。

この教義は「一者（神）が多者（個別）の基礎であり、実在するあらゆる多者を生みだしたのは神である」というものです。

プレート説は、プレートが様々な地質現象をすべて取り仕切ることにおいて、神を創造主とする新トマス主義の考え方と共通するのです。

このことを端的に示す証拠があります。

米国の地質情報誌にかつて「信者へ」と題する小文が掲載されました。「私はプレートテクトニクス説の全能を、地球科学の統一者であることを、そのすべての地質学的、地球物理学的説明を信じる。（中略）潜り込み、湧き上がるプレートに終わりはない、アーメン」

投稿者は西ミシガン大学の人でした。

欧州でプレート説の普及に努めたフランスのル・ビジョンも、ザビエルの洗礼名を持つ熱心なカソリック教徒でした。

当時、このような風潮を危惧する声もありました。

オーストラリアのパース大学のオリヤーは著書（『反プレート論17か条』）の中で次のように述べています。「プレート説の考えは新しい宗教に結びついている。もし人が（プレート説の）信者でないなら、その人は無神論者とみなされる」

米国の反プレート論者の先頭を走っていたメヤホーフも次のように語っていました。

「プレート説の守護者たちは、かれらが信じる前提を再考しなければならなくなっても、そうしようとはしません。どうしてでしょうか。その理由は米国科学財団から多額の資金が流れていることが関係していると思います。甚大な資金がもはや支給されなくなるその時まで、プレート説は生きながらえるだろうと恐れています」

研究費を支給する財団の背後に、進化論に懐疑的な米国政府の教育政策が関係していたのかもしれません。

この指摘は現在の日本の地震学の現状を予言していたかのように思えてなりません。

プレート説への疑問が噴出

プレート説は、地球の表面は十数枚の硬い岩盤でくまなく覆われているとしています。地球はまさにゆで卵の殻にひびが入ったような状態なのですが、**プレート説が定着してから50年以上が経過するのに、実際にプレートは何枚あるのか、その数がいまだに確定していない**のです。

プレート論者たちは海底に存在する海嶺と海溝などの位置関係からプレートを割り出していったようですが、フィリピン海プレートのように海嶺がみつかっていないものもあります。

私は、プレートの枚数がどのような過程を通じて確定されたのかを詳しく承知してはいませんが、**おそらく地震の頻発地帯を線状につなぎ、プレートの境界として定義してきたのではないか**と勘ぐっています。

と言うのは、「新たに地震活動が活発になる地帯が現れると、プレート境界の見直しを含めた議論が必要となる可能性がある」という指摘があるからです。

もしそうだとすれば、「原因と結果が逆だ」と言わざるを得ません。

つまり、**プレートの沈み込みで地震が起きているのではなく、地震が起きているところをプレート境界面に設定したに過ぎない**ということです。

プレートの数が確定していないのは、最近、マイクロプレートをあちこちに設定していることとも関係していると思います。

大きなプレートを細かく分割して、それぞれに分裂や衝突を起こさせ、地震の発生を説明しようとする動きです。

２０１６年に熊本地震が発生した際、「ユーラシアプレート内に存在するマイクロプレートの動きが原因だ」との指摘があったことを記憶しています。

京都大学防災研究所の西村卓也教授は、熊本地震発生の直後に次のように指摘しました。

「全国1300か所にある観測地点の地表の動きをGPSを利用して測ったところ、陸側の同じ1つのプレートだからといっても、すべての地点が同じ方向に動いていないことがわかり、九州地方では4~5ブロックに分けることができる」


ユーラシアプレートの東半分を中国東北部のアムールプレート、揚子江下流域のチャイナプレート、その南のインドシナプレートと細かく分ける説もあります。

プレートの内部をさらに細かく区分する考え方は、「プレートの境界で地震が起きる」という法則と整合的ですが、地震が発生するたびにどこにプレート境界を引くかで、絶えず意見が分かれることになります。

さらに大きな問題があります。

仮にマイクロプレートが存在するとすれば、もともとのプレート内部に変形が生ずることになるからです。

もしプレート内部で変形が起きれば、プレート境界での地殻変動の性格が変わり、プレート説が導いてきた運動理論が適用できなくなります。ひいてはプレート説そのものが成り立たなくなってしまうのではないでしょうか。

大陸移動説の誤り

プレート説が生まれる以前、気候学者のアルフレッド・ウェゲナーが1922年に大陸移動説を唱えたのは有名な話です。

ウェゲナーは、氷河の地形や化石の分布などから「南アメリカとアフリカ、南極は、もともと一つの大きな大陸だったが、それが分裂して移動した」という仮説を提唱しました。

約3億年前に「パンゲア」と言われる超大陸が存在し、2億年前くらいから分裂、漂流することで、現在の大陸が形成されたという主張です。

しかし、「大陸は上下運動しかしない」と考えていた当時の地球物理学者は「大陸を水平方向に移動させる原動力を説明できない」としてウェゲナーの仮説を否定しました。

ウェゲナーがグリーンランドで遭難死したことにより、大陸移動説は科学の表舞台からいったん消えました。

ところがそれから30年以上経ったのち、「海洋底が拡大している」ことが大陸が水平に動いていることの証拠だとされ、大陸移動説はプレート説とともに劇的な復活を遂げました。


海洋底拡大説は、海洋底の年齢の測定によって実証されたことになっています。

1968年から始まった米国の深海底掘削計画で海底をつくる岩石の放射年代測定が行われた結果、「海洋底の岩石の年齢は、海嶺ではできたばかりで新しく、海嶺から遠ざかるにつれて古くなっている」との主張が生まれました。

海洋底の岩石は、海溝に沈み込む直前の一番古い岩石でも2億年ほどであり、地球の年齢46億年に比べてはるかに若いとされてきました。

プレート説によれば、中央海嶺をつくる岩石は、地球内部から生まれたばかりのマグマ起源のものであるので、海底には2億年以上前の古い時代の岩石があるはずがないと言われていますが、その後の調査で5億年以上前の岩石が海底で見つかっています。

この事実に対し、「海溝に沈んだプレートは、地球の内部を巡って再び海嶺に戻ってきた」などと説明しています。しかし高温の下部マントルを通ってきた岩石が、再びもとのままの時代の姿を示すとは常識的に考えられません。

ちなみに、ウェゲナーの大陸移動説には根本的な誤りがあります。

現在の陸地の形だけを見て、パズルのように組み合うかどうかだけで大陸移動説を説明しようとしていますが、2～3億年前の陸の形は現在の陸の形とまったく違うことがわかってきました。

現在の大陸を組み合わせて成り立つとされるパンゲア大陸は、大陸の形が保存されているることが確認できない限り、「幻の大陸」でしかないのです。

大陸はプレート説どおりに動いてはいない

話を大陸移動説からプレート説に戻します。

近年、大陸間の距離を正確に測ることが可能になり、「大陸はプレート説どおりに動いているのかどうか」が確認できるようになりました。

ＶＬＢＩという超長基線電波干渉法を用いて米国ハワイ地域と茨城県鹿島地域の距離を測定すると、毎年６㎝ずつ縮まっているのですが、ハワイ地域とアラスカ地域間もわずかながら縮まっていることがわかりました。

つまり、ハワイと鹿島、アラスカの３地点の中心を軸として、プレートが「時計回りの回転」をしているのです。

プレート説が正しければ、プレートは常に大陸の方向に向かって動いていなければなりません。海嶺から生まれた新しい海洋プレートは、マントルの対流などの力を受けて移動し、大陸プレートと衝突する海溝に沈み込むはずなのですから。

しかし、ハワイと鹿島、アラスカでの観測結果は、プレート説のとおりにはならなかったのです。大陸はプレート説どおりに動いていないのです。

大陸はプレート説どおりには動いていない

最新の電波測定技術によると、プレートは一定方向には動いてはいない。太平洋プレートは時計回りに回転している。

プレートはなぜ動いているのかわからない

プレート説には、ほかにも厄介な問題があります。

例えば、地球内部から湧き出てきたもともと1枚のプレートが、中央海嶺の頂上部で同じような厚さになって右と左に分かれるとしていますが、この仕組みもよくわかりません。

さらに「移動中に海洋の途中でなぜ沈まないのか」「同じプレートでも場所によって潜り込む角度に違いがあるのはなぜか」などの疑問が次々と出てきます。

なかでも**プレート説にとっての最大の弱点は、「プレートはなぜ動くのか」という、ウェゲナーも悩んだ根本的な問いに対する解答がまだ得られていないこと**です。

プレートの運動は、主に海嶺から海溝に至る間のプレートの冷却による密度増大と、潜り込むプレートの引っ張り力によって生ずると言われていますが、海嶺に最初に湧き出したプレートが、どのようにして海底を移動したかをいまだにうまく説明することができないのです。

プレートを動かす力は、その下にある「マントルの対流」だと言われてきました。

地球の内部構造を簡単に説明すると、一番内側は鉄やニッケルなどの金属の固体でできた「内核」、その外側には金属が溶けて液体となった「外核」があります。

これらの外側に岩石でできた「マントル」があり、地球の表面は地殻で覆われています。

マントルは均一だと考えられており、外核から放出される熱が地殻近くまで上昇し、大気の対流と同じように、マントルが対流することでプレートが動くと言われてきました。

ところが、**日本にプレート説を紹介した上田誠也氏がマントルが対流することでプレー**

トが動くことを証明しようと詳細な計算を行ったところ、逆に「マントル対流の摩擦にはプレートを動かすだけの力はない」ことがわかってしまったのです。

　このため、最近では「移動するのはプレートがその重さで自ら沈み込むためだ」とする能動的移動説が提唱されるようになっています。いわゆる「テーブルクロスずりおち説」です。「海嶺付近で誕生したときには高熱で密度が低かったプレートは、移動に伴って冷却されて密度が高くなってマントル中に沈んでいく」というものですが、「沈み込む重いプレートの塊」が、「テーブルの下からテーブルクロスを引き下ろす」ような動きを本当にするのでしょうか。

イデオロギー化するプレート説

「マントル対流の最上部に冷えて粘性の高くなった硬い層ができて、その層が沈み込み帯で地球深部に下降する」というのは、かなり特殊な現象です。

　プレートは金星や火星には存在せず、なぜか地球だけに存在することになっています。

「硬いけれど、沈み込み帯で曲げられるくらいには柔らかい」という性質を持つプレート

がどうして地球だけに存在するのかも謎のままです。

金星や火星は、地球と同じように「小惑星の衝突後に表層が冷やされた」という同じ経緯をたどってきたにもかかわらず、にです。

金星や火星にはプレートが存在しませんが、地震が起こっていることがわかっています。

これまで指摘した数々の難問を前に、最近、地震学者から開き直りとも受けとれる発言が出てきています。「プレート説は理論かと言えば少し微妙で、証明するとかそういうものではなくて、こういう考え方に則ると、いろいろなことが説明できるのだ」と言い始めているのです。「プレート説は提唱されてから50年以上が経っているが、地球表層の構造と現象を理解する上で非常に優れたパラダイムだから、プレートが動く原動力がわからなくてもいいのではないか」、こんな主張もあるぐらいです。

原因と結果という因果関係を無視するようでは、近代科学とは言えません。科学的に実証されていない観念形態をイデオロギーと言いますが、今やプレート説も1つのイデオロギーに成り下がってしまったようです。

イデオロギーの意義を否定するつもりはありません。しかし、人の生き死にに直結する地震予知が依拠する理論がイデオロギー化しているのは大問題と言わざるを得ません。

状況を一変させたマントルトモグラフィ

多くの科学的な疑問があるにもかかわらず、なぜプレート説は生きながらえてきたのでしょうか。それには理由があります。

つい最近まで地質調査をするときに観察で調べられるのは、地表面付近に限定されていました。例えば観察では地下20mのことであってもよくわからなかったのです。

このため地質学者は「プレート説はおかしい」と思いつつも決定的な証拠をつかむことができず、地質学者の立場から有効な反論を行うことができずにいました。

しかし、この状況が大きく変わりました。地球内部の正確な実像が少しずつわかるようになってきたのです。

1つは、コンピュータの処理速度が急速に上がったこと。もう1つは、インターネットで気象庁や米国地質調査所（ＵＳＧＳ）のデータを見ることができるようになったことです。

これらにより、地質学者である角田氏も地震発生に関する議論に参加できるようになりました。

なかでも、地球内部の温度分布を画像として把握できるようになったことは決定的でした。具体的に言えば、地球内部を伝わる地震波を詳しく調べることで地球の内部の動きがわかるようになったのです。

地震は波となって岩石の中を伝播しますが、この波は硬い岩石の中を通るときには速く伝わり、軟らかい岩石を通過するときには遅く伝わります。

地球の内部では絶えず地震が起きており、地震の波は地球の中を駆け巡っています。

特に、大きな地震が起きるとその波は地球の裏側まで伝わります。

このような広い範囲に伝わる地震波の速さの違いを基に、地球の中の岩石が硬いか柔らかいかを判別することができるようになったのです。

この画期的な技術は「マントルトモグラフィ」と呼ばれています。

マントルトモグラフィの原理を簡単に言うと、医療で使われているＭＲＩ（核磁気共鳴画像法）の技術を地球科学に応用したものです。

ＭＲＩの原理は、おおよそ次のようなものです。

細胞膜には磁気に反応する陽子がありますが、まず位置の決まった細胞に番号を付け、コンピュータに記憶させます。

次に細胞に磁気をかけると、細胞膜中にある陽子が磁気に反応して、それまでバラバラの向きだった細胞が磁力線に沿って整列します。そして磁気を切ると、細胞は元の向きに戻ります。洗濯をしてくしゃくしゃになった形状記憶シャツが、乾くと元に戻るのと同じイメージです。

しかし、病理細胞は磁気を切っても元の向きには戻らない、あるいは戻りが遅い。そこで、戻り速度が遅い病理細胞の番号をコンピュータで探して、その位置を特定して画像化します。

無数の細胞の位置を決めて番号付けをし、それぞれの戻り速度が正常細胞からどの程度遅れているかを計算することで、病気に冒されている細胞などを探し出すことができるのです。

ＭＲＩの原理を頭に入れていただいた上で、マントルトモグラフィについて説明しましょう。

最初に地球を30万個以上の硬い岩石と仮定した立方体に分け、その立方体の位置に番号を付けて、スーパーコンピュータに記憶させます。この立方体はＭＲＩにおける細胞に相当します。

次に、個々の立方体にモデル地震波速度を記憶させます。これがＭＲＩで言えば細胞が整列した状態にあたります。

ちなみに地下で地震が発生すると、Ｐ波と呼ばれる小さな揺れとＳ波と呼ばれる大きな揺れが同時に発生します。Ｐ波は毎秒７㎞、Ｓ波はこれよりも遅く毎秒４㎞の速さでやってくるので、どの地域にもＰ波がＳ波より早く到着します。このため英語で「最初に」という意味の primary の頭文字をとってＰ波、また「次に」を意味する secondary の頭文字をとってＳ波と呼ばれています。

液体の中でも進むことができるＰ波が地球内部を進むモデルは、１９８０年代の初めに確立されていました。こうして決められたルート沿いの地震波速度をモデル速度として使います。

最後に、観測で求められた速度を通過した立方体をコンピュータに入力し、モデル速度に近づける計算をします。

異常に遅い速度の計算誤差が出た場合は、計算のチェックを何回も行います。計算が正しければ、最初に「岩石」と仮定して設定していた速度が誤りで、「その立方体の部分は、高温で溶けたために遅い速度になった」と結論づけます。

温度の違い（高温で岩石が溶けているかどうか）によって、地震波の速度は変わります。

例えば、大きな氷を叩くと反対側に振動がすぐに伝わりますが、これが水だと振動が伝わるのに時間がかかります。

これと同じで、岩石が溶けていれば地震波の伝わる速度は遅くなり、固体で硬い状態であれば速度が速くなります。

高温で熱く溶けているほうが地震波の速度が遅く、冷たく硬いほうが速度が速くなるというわけです。

このようにして、地球内部で溶けて熱い部分、溶けかかっている部分、普通の岩石部分、非常に硬く冷たい岩石部分の4つに分けることによって、地球内部の温度分布を見ることができるのです。

これがMRIの原理を応用して地球内部の温度分布を推定する方法です。

ただし、マントルトモグラフィについては、地震波の速度の違いをそのまま温度の違いに置き換えてよいのかという問題があります。と言うのは、岩石の種類の違いによっても地震波の速さは変化するからです。

マントルトモグラフィにはまだまだ改善の余地があります。しかし、これまでまったく見えなかった地球内部の姿が見え始めたことは、地球科学にとって画期的な進歩であることは間違いありません。

地球内部を明らかにしたマントルトモグラフィ

54ページの図はマントルトモグラフィを使って解析した地球内部の画像です。「・」の部分が岩石が高温で溶けているところで、地震波の伝わる速度が遅いところです。反対に黒またはグレーの部分は岩石が固体として存在しているところで、地震波の伝わる速度が速いところです。

このマントルトモグラフィのおかげで地球内部から地表に向かって高温の熱の通り道があることが初めてわかりました。

６０００度の外核から、厚さ３０００㎞のマントル部分を通り抜けて延びる高温部があることがわかったのです。

この熱の通り道は巨大なキノコのような形をしていることから、「スーパープリューム」と呼ばれています。

スーパープリュームの深部が「キノコの幹」のように細いのは、地下の超高圧で熱の通り道が細くなるからです。地表に近づくほど圧力が弱くなるため、「キノコの笠」のように次第に太くなります（55ページの図）。

スーパープリュームの地表での湧き出し口は南太平洋（タヒチ）と東アフリカの２か所で、そこは６０００度の溶けた物質でできている外核から熱が伝わっている地点です。

地表に近い地下50㎞あたりを見ると、環太平洋地域は点を打った熱い部分が目立ちま

MRI診断でわかった地球の内部

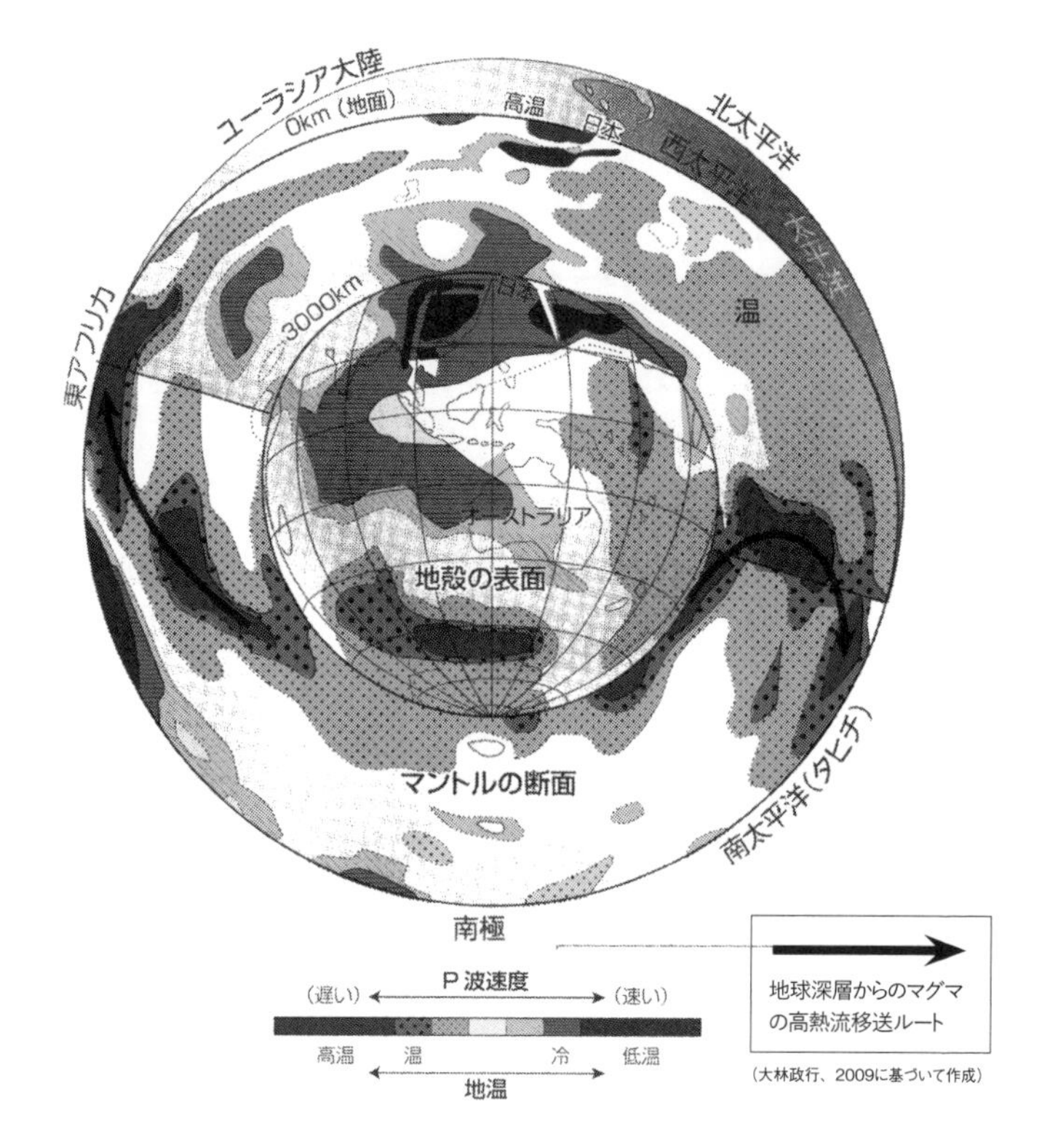

画像診断技術「マントルトモグラフィ」で、地球内部は一様に高温ではなく、冷たいところもあることがわかった。これにより、地球内部には「高熱流の道」があり、それが地震をもたらすという「熱移送説」の科学的根拠となっている。

地球内部からのマグマの高熱流

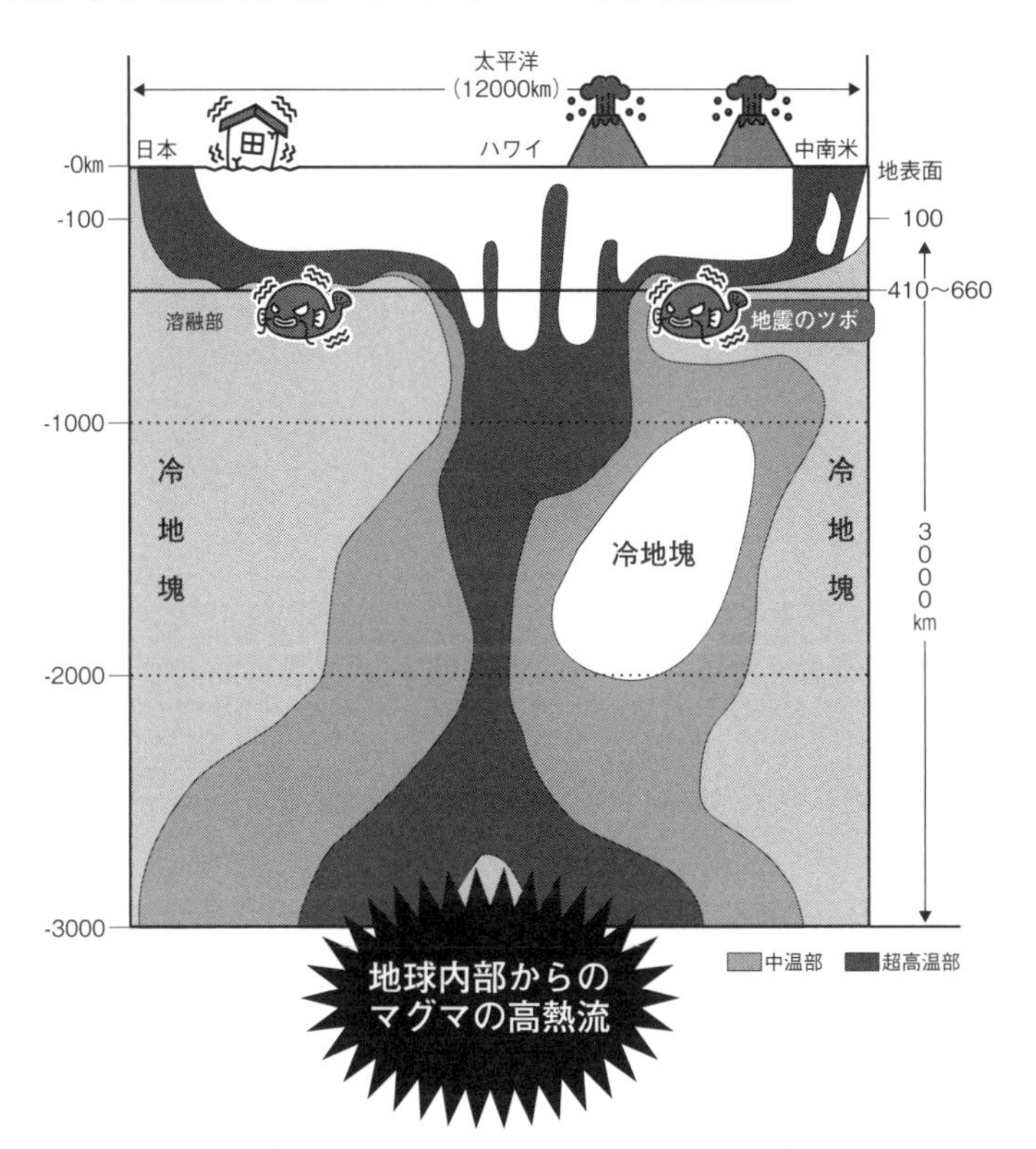

高熱流の流れが地球の奥深くから垂直方向に湧き昇り、地表近くでは水平方向にキノコの笠状に広がる。それが地震を起こすと推定される。

す。

地下1000km以上の深さまで中温状態の太平洋に比べて、その周り（環太平洋）では地下200kmくらいまでが高温状態です。

地震の多発地域である日本列島やインドネシアのスマトラ島、米国のサンフランシスコなどはもっとも熱い区域になっています。

環太平洋地域が高温帯であるのに対し、その外側にあるユーラシアや米国の大陸には、地球で最も古い地層・岩石でできた楯状地があります。

こうした地域のほとんどが、低温域で地下1000kmに達する冷たい岩塊になっており、ほとんど地震は発生しません。

ロシアのシベリアやカナダ中央部、西オーストラリアなどは極低温地域になっていますが、これらは地震が少ないことで有名な地域です。

地震は地下の熱いところに密集し、冷たいところでは起こらないのです。

マントルトモグラフィという可視化技術の進歩で、地下が高温から中温であることが、地震が発生する必要条件だということがわかったのです。

この図を見ると、マントルの状態が均一でないこともわかります。

「マントルには対流がある」とされてきたのですが、図を見る限り、マントルはまるで「アリの巣」のように、熱い部分と冷たい部分が入り組んでいます。このことからわかるのはマントル対流自体が存在しないということです。

マントル対流の代わりに6000度の熱がスーパープリュームから放出され、浅い層へ送られた熱は、表層の中で熱を通しやすい部分（例えば大きな割れ目など）に沿って移動していると考えられます。

プレート説が正しければ、地球の表面を100㎞ほどの厚さのプレートが覆っているはずです。

しかし、**マントルトモグラフィの画像によれば、プレートとおぼしき「冷たい固い岩石層」がとびとびの状態で分布しているだけです。このような状態ではプレートのぶつかり合いが起こることはない**でしょう。

マントルトモグラフィのおかげでハワイの謎も解けます。

プレート説ではハワイでなぜ火山活動が活発なのか説明できませんでした。

プレート説では地震や火山はプレートの縁でこすれ合ったり、押したり引いたりするから起こるとされていますが、岩石の調査や物理探査などから、ハワイの火山はプレートの沈み込みによってできたものではないことがわかっています。非常に深いところから熱いものが上がってきているのです。

このような現象が見られるのは、他にアイスランドやアメリカのイエローストーンなどがあります。これらは「ホットスポット」と呼ばれていますが、地球内部からのスーパープリュームが影響していると説明することができます。

プレート説に引導を渡したマントルトモグラフィ

マントルトモグラフィが明らかにした地球内部の様子はプレート説にとって「不都合な真実」以外の何ものでもありません。

プレート説は、

①海嶺でプレートが誕生する

②プレートは冷たく巨大で壊れない板状岩層である

③プレートは遠距離移動する

という3つの原則で成り立っています。

①の「海嶺でプレートが誕生する」については、海嶺の地下が冷たく硬い岩層で占められ、プレートを生み出すマントルがないことが明らかになっています。熱量計や磁力で温度を調べてみると、「プレートが生まれるはずの海嶺には熱いマントルがなく、冷たかった」ことが、米科学誌『Nature』などでも指摘されています。

②の「プレートは冷たく巨大で壊れない板状岩層である」については、地球の表層から中心に達する地下１０００㎞の冷たく巨大な岩の柱がマントルの対流を遮っていること、すなわち、太平洋の底は地下１０００㎞まで温かく、太平洋プレート（冷たい巨大岩層）はなかったことが、前述したマントルトモグラフィによる地球の内部の画像が明らかにしています。

③の「プレートは遠距離移動する」については、前述したとおり、上田誠也氏が、「マントルはプレートを引っ張れるほどの粘着力がない」ことを証明しています。

このように、**プレート説が主張するすべての前提が観測事実によって否定されているのにもかかわらず、地震学者はこの「不都合な真実」について触れることがない**のです。

１９８０年代、プレート説を主張する地震学者は「すべての事実認識に誤りがある可能性があるのだから、プレート説の主張に関する事実認識の正否について今後も研鑽が必要である」と述べていましたが、その後、事実認識の検証はほとんどなされていないのが実情なのです。

マントルトモグラフィについて残念な話があります。

角田氏が２００９年に『地震の癖』（講談社＋α新書）を出版した際、その画像を提供してくれた研究者がその後、非協力的になってしまったそうです。

その研究者は、マントルトモグラフィの画像から「マントルには温度の高いところと低いところがある」として、地球内部に高い熱の流れ（ホットプルーム）と冷たい熱の流れ（コールドプルーム）があるとする「プルーム・テクトニクス」仮説を提唱していました。

地球を総体的に把握するという発想に立っていることは評価できますが、従来のプレート説の水平運動に新たにわかった垂直運動を加えたに過ぎず、従来のプレート説を補強するという立場にたっているのは残念でなりません。

しかし、角田氏がマントルトモグラフィの画像を用いてプレート説を否定する論を展開したことから、その研究者は自分の立場が危うくなると思ったのでしょうか。「二度と敵に塩を送ってはならない」とばかりの態度に変わってしまったのです。

こんなところにも真理の探究よりも自らの保身を優先する地震学者たちの姿勢が垣間見えます。

その場しのぎの言い訳に終始する地震学者

地震学者がその場しのぎの言い訳に終始するようになっていることも気になります。

能登地震発生の際にも同じことが起きています。

能登半島で事前の想定をはるかに超える大地震が起きたことについて、京都大学の西村卓也教授らは2024年4月7日付日本経済新聞で「地下20㎞より深くにある流体が上昇して地震の引き金になった」と主張しています。

西村氏は2023年6月に発表した論文の中で「国土地理院などが設置した測位衛星システム（GPS）のデータを解析した結果、約2900万立法メートル（東京ドーム23個分にあたる）の液体の大量の流体が地表に向かって上ってきている。大地震を招くかもしれない」と指摘していました。

流体は水の可能性が高いと考えられています。能登半島深部ではマグマの活動が活発ではないため、マグマから発生する様々なガスの可能性は低いというのがその根拠です。

地震学者の間では「水」がブームのようです。

プレートによるひずみのエネルギーは地下深くで地震を起こせるほど大きくないことがわかってきましたが、その矛盾を解く鍵が「水」だったのです。

断層に入り込んだ水は、その圧力で断層面を押し広げる働きをします。断層に水が存在する場合、水がないときに比べて押さえつける力が小さくなることから、摩擦力が小さくなり、小さな力でも断層が動くというわけです。

水は深い場所では揺れを伴わないスロースリップと呼ばれる断層のズレを起こし、浅い場所では流体が潤滑油のように働き、断層を動きやすくするとされています。

西村氏が想定する今回の地震発生のメカニズムは以下の通りです。

「地下20㎞より深くにあった流体が断層に沿って上昇し、２０２０年12月頃から群発地震を引き起こした。群発地震が発生して周りの断層が動きやすくなり、能登半島地震の引き金になったのかもしれない」

流体が上昇した理由について西村氏は「２０１１年の東日本大震災の影響で東西方向から地殻を圧縮する力が弱り、上昇しやすくなったのでないか」と説明しています。

西村氏の説明をテレビなどでお聞きになった読者もいらっしゃることでしょう。

しかし、正直言って、西村氏の説明はピンときません。

断層が水のせいで少々滑りやすくなったからと言って、想定の数十倍の地震が起きた原因になるとは思えないからです。

コンピュータの解析でそのような結果が出たのだとしても、実際の地下深くでこのようなことが本当に起きるのでしょうか。

さらに言えば、地下深くは圧力が極めて高いため、断層に水が入り込む現象は起きないというのが地質学の常識です。

存在が証明されていないアスペリティ

２０００年頃からさかんに使われるようになったアスペリティモデルも眉唾物のように

思えてなりません。

アスペリティ（asperity）とは英語で「ざらざら」を意味します。

プレート境界面は当初、一面べったりとくっついていて、ひずみをため、そしてあるとき一斉にズレ動くと考えられていました。

しかし、すべての沈み込み帯で同じような地震の起こり方をするのではなく、沈み込み帯ごとに特徴的な起こり方をするため、この地域特性を説明するためにアスペリティモデルが１９８０年代に考え出されました。

プレート境界面はどこもかしこもべったりとくっついているわけではなく、特にひずみがたまりやすい場所（アスペリティ）が点在しており、ひずみの蓄積が限界に達してアスペリティが大きくズレ動くことで地震が発生するという考え方です。


このモデルで摩擦の大きさなどを数値化し、地震が起きる周期や震源の範囲をコンピュータでシミュレーションすると、たしかに地震の発生はうまく説明できます。「地震を起こす場所も起きる地震の規模も毎回同じであり、こうした場所を見つけ出せば、その大きさや次に起きる地震の規模が想定できる」との触れ込みから、「アスペリティモデルによって地震現象への理解が飛躍的に進んだ」との期待が一時期、急速に高まりました。

しかし、**プレート境界に実際行ってその存在を確認することができないにもかかわらず、どうしてアスペリティがあると断言できるのか**という疑問が残ります。

アスペリティが存在するという考えの手がかりとなったのは地震波でした。

地震が発生すると地震波が世界中で記録されますが、その地震波を解析することで、プレート境界面のどの部分がもっとも大きくズレ動いたかを探ることができるとされました。

このことからわかるのは、**アスペリティはプレート境界から届いた地震波の解析の結果に過ぎず、本当に存在するかどうかわからない**ということです。

固着域での前兆すべりが本当にあるかどうかさえわからないのに、あることを前提にすると非常に都合のよいモデルになったというだけのことに過ぎません。

その後、「アスペリティモデルは単純化され過ぎている」との批判を受けるようになり、現在、「アスペリティモデルで地震を予知できる」と考える地震学者は減ったと思います。しかし、アスペリティモデル自体は健在です。

アスペリティの次は水、水が駄目なら「その次の言い訳」を地震学者は考えるのかもしれませんが、このようなことを続けていても地震学は進歩しません。

現在の地震学はお寒い限りです。**科学ジャーナリズムが地震学者の言い分を「オウム返し」のように報道している状況にも問題がある**と思います。都合が悪くなった地震学者の言い逃れが野放しになってしまっているからです。

さらに問題なのは、地質学者が過去50年間、ないがしろにされてきたことです。将来起きる地震を予測する委員会のメンバーに地質学者がほとんど入っていません。

なぜこのような状態になってしまったのかについて、次章では日本の地震学を巡る「黒歴史」について述べてみたいと思います。

第2章

日本地震学の「黒歴史」

東日本大震災後の地震学者の反省

２０１１年3月11日に起きた、宮城県、岩手県、福島県の３県を中心とした東日本大震災は、日本の地震学者に大変な衝撃を与えました。

宮城県沖では30〜40年間隔でマグニチュード７・５程度の地震が繰り返し起きていました。前回の宮城県沖地震（１９７８年6月12日）の発生から既に30年以上が経過していたため、東日本大震災はいつ起きてもおかしくない地震の１つに数えられました。

東日本大震災のインパクトがあまりに大きかったために、その２日前（3月９日）に牡鹿（おしか）半島の東約１６０㎞を震源とするマグニチュード７・３の地震が発生したことはほとんど知られていません。

地震の規模は想定の2分の1でしたが、この地震は30年周期で発生する一連の動きだとみなされました。しかし、その2日後にあの超巨大地震が襲来したのです。

専門家は口を揃えて「想定外の地震だった」と繰り返しました。

震源域が岩手県沖から茨城県沖までの広大な範囲に及ぶマグニチュード９・０の超巨大

地震が、東日本で起きる可能性があることすら指摘できていなかったからです。

地震学者は窮地に追い込まれました。前述したアスペリティモデルで地震は予知できるとの楽観論が広まりつつあったのですが、この超巨大地震は彼らの鼻っ柱を無残にもへし折ってしまいました。

自らの過信を猛省した地震学者は東日本大震災後の２０１２年5月に『地震学の今を問う』（日本地震学会・東北地方太平洋沖地震対応臨時委員会編）という報告書をまとめました。その主な内容は以下のとおりです。

①観測データの問題

阪神淡路大震災以降、全国の至るところに地震計が設置され、ＧＰＳによる地殻変動の観測網も発達してデータ量が豊富になっていた。だが、観測網は陸地が中心で、海域のことがよくわかっていないことに気が回らなくなっていた。

「地震の後になれば理論を作って説明できることも、地震前には予測できない」という定式化した失敗を繰り返した。

②震源で起きることの理解不足

予測理論が未成熟で、地震が起きる過程を理解するのに重要な力学がわかっていない。地震は地下深くで起こり、地表に現れる断層は結果の一部でしかなく、地震が起きたとき何が起きているのか、地震発生現場で観測することは困難だ。

③「既存の理論が正しい」との思い込み

「海溝近くで大きな地震が起きるわけがない」と思い込み、海溝近くの観測が技術的に困難であることから十分な観測をしてこなかった。

④地球科学一般の知識不足、専門の細分化の弊害

地震学者は他分野への関心が低く、解析結果から導き出した理論を他分野のデータに突き合わせて検証していなかった。各分野の専門家が集まった場でも、互いが示すデータは正しいものとして考えており、相互理解が不十分だった。

⑤研究計画の問題

短期間で評価が求められる体制で、鋭気ある若手の研究者が困難な課題に取り組むことが阻害され、自由な発想に基づく研究ができなくなっている。

私は④の「地球科学一般の知識不足、専門の細分化の弊害」に注目しました。この問題が現在の地震学にとって最大の問題だと考えていたからです。

このような提言を受けて、日本地質学会は２０１２年5月、地震や火山の観測や研究計画の見直しをしている文部科学省の科学技術・学術審議会に意見書を提出しました。

意見書では、**地質学的な研究を軽視して、地球物理的な手法に偏重していたことが、東日本大震災での「想定外」**につながったと指摘した上で、関連分野の交流と議論の活発化を求めました。

地質学会長として意見をまとめた新潟大学名誉教授の宮下純夫氏は「地球物理学な手法を否定するわけではないが、これまで政府の委員会では地質学的な研究が軽視されて歯がゆい思いをしてきた」と語っていたのが印象的でした。

地震学者と地質学者

しかし、地震学者の反省は長くは続かず、地震学者と地質学者の間にあった溝は深く、容易に埋められるものではありませんでした。

ここで地震学者と地質学者の研究手法の違いについて説明しましょう。

一般に地震学者と呼ばれるのは地球物理系の研究者のことですが、地球物理学者と地質学者とでは地震に対する研究手法が大きく異なります。

地球物理学者は地震計で観測された地震波を解析して、震源の位置や地震の規模、特性を調べます。また、ＧＰＳで観測された地殻変動のデータを使って、地殻にかかっている力も調べます。

こうしたデータを使い、起きた地震や将来起きる恐れがある地震をスーパーコンピュータでシミュレーションする研究者もいます。

地震学者は先に地震の原因をモデル化し、現在の地質状況に見合ったモデルの適否を研

究するのが一般的です。

しかし、**理論の構築を最優先するあまり、中には理論の合わない不都合な地質データについては、その存在を無視し、理論に合うデータだけでモデルづくりをする地震学者も見受けられる**のです。

一方、**地質学者は野外調査が主体で、石を割って調べるためのハンマーや磁石、地図を手に、露出している地層を調べたり、掘削機器で地下の地層を抜き出したりして、その土地の成り立ちや過去に何が起こったかを調べる**のです。

もちろん、自然を相手にする以上、地球物理学者も船に乗って海底地震計の設置に行ったり、山に分け入って地殻変動の観測点を設置したりします。

また、地質学者も当然コンピュータを使います。

しかし、研究室でのデータ解析が中心となる地球物理学者と野外調査がメインの地質学者の「文化」は大きく異なっています。

地震学者と地質学者が所属する学会が異なっており、相手の情報が入りにくいという弊害もあります。

同じ地震を研究していても、互いへの興味や関心が薄いのが実情です。**地球物理学者から見れば、地質学者は古い理論にいつまでも固執する研究者とうつる傾向があるようです。**

この偏見にはプレート説が導入された1970～80年代の経緯が大きく関係していると思います。

問題の本質はプレート説導入時の経緯にある

プレート説導入時の状況を振り返ってみましょう。

欧米では、プレート説は1970年代前半に多くの地球科学者に受け入れられるようになりました。

日本の地震学者がプレート説に最初に触れたのは、1969年末に米国地質学会が主催した第2回ペンローズ会議でした。

この会議に出席した地震学者（上田誠也氏ら）は、最先端のプレート説を知り、大変なショックを受けました。

日本の地震学者はたちまちこのプレート理論の虜になり、1970年代に入ると、地球科学上の「1つの仮説」から「唯一の真理」のような扱いになっていったのです。

しかし、地質学の世界でこの説が広く受け入れるようになったのは1980年代半ばになってからでした。


文部省（現・文部科学省）は1970年の高等学校学習指導要領の改訂（施行は1973年）に際して、地学では海洋底拡大説と大陸移動説を教えることを決定しました。

1973年には地学団体研究会の有力メンバーである藤田至則（ゆきのり）氏ら14人が連名でプレート説を批判する論文を発表しました。

論文では、同年から高校の地学の教科書で「大陸の移動」を教えるようになったことについて、**「プレート説をあたかも証明済みのものであるかのように考えて、学校教育のカリキュラムにまで持ち込むことは、理科教育にマイナスの影響を与えかねない」**と批判しました。

「わが国のプレート説の受け入れが米国や欧州の国々に比べて10年遅れた」と言われてい

るゆえんです。

プレート説の普及に努めた地震学者は当時の地質学者たちのことを振り返り、ある地震学者は自身の回顧録の中で「日本の地質学一般のレベルは近代科学以前の段階だった」と批判しています。

しかし、本当にそうだったのでしょうか。


明治時代に始まった日本の地質学は、緻密に日本列島の地層や岩石を調査し、それを独自の理論に沿って組み立て、日本列島の歴史を描き出すまでになっていました。

プレート説は、前述したとおり観測事実に基づかない一種のイデオロギーです。「プレート運動がある」と仮定すると、地球上の地震や火山、造山運動といった各種の現象を統一的に説明することができたからです。

しかし、日本の地質学には既に独自のパラダイムがありました。この点がプレート説が登場する前に支配的なパラダイムが存在しなかった欧米の地質学とは大きな違いでした。

日本の地質学者がプレート説に懐疑的だったのは言うまでもありません。「日本の地質構造はプレート説では説明がつかない」と主張し続けました。

プレート説に反対の立場をとっていた代表的な論客こそが新潟大学の藤田至則氏でした。

藤田氏は「地磁気異常の縞模様が見つかっていない海洋底もある」として「プレート説を根底から支えている海洋底拡大モデルが成立しない」との批判を続けていました。

プレート説を普及しようとする者にとって日本の地質学者は「目の上のたんこぶ」以外の何ものでもありませんでした。

「プレート説は表層のことしか説明できない。地球内部のダイナミクスや地球史の全体像を説明できる枠組みになっていない」「プレート説を支持する人たちから、納得のいく地球誕生説を聞いたことがない」などと耳の痛い批判を受けた地震学者が味方にしたのは当時の世相でした。

日本ではこの話題（プレート説）で持ちきりとなり、プレート説を解説する一般向けの本が次々と出版されました。

プレート説の普及に決定的な役割を果たした『日本沈没』

プレート説を解説する一般向けの本が次々と出版されるなか、日本のプレート説の普及に決定的な役割を果たす小説が世に出ました。その小説は小松左京氏のSF小説『日本沈没』（光文社、カッパ・ノベルス）です。

1973年3月に出版されたこの小説は大ベストセラーになりました。地殻変動で日本が海に沈む物語は、石油危機の勃発により経済の高度成長が終わり、将来に対する漠然たる不安が広がる当時の日本の雰囲気に合致しました。『日本沈没』はテレビドラマや映画にもなり、大ブームとなりました。

小説の主人公は地震学者の田所博士。データを集めて「直感とイマジネーション」で将来を予測する姿に、多くの人々が魅了されたのです。

当時東京大学教授だった竹内均氏が映画『日本沈没』の中でプレート説を弁舌爽やかに説明していました。

この本や映画のおかげで「地震はプレートの衝突と沈み込みで起きる」という考え方が、日本国内に一気に広まったことは間違いありません。

「長いものには巻かれろ」ではありませんが、地質学での研究報告でも、プレート説による説明が増え始めました。

日本地質学会でプレート説に関する講演数は１９７０年代は皆無に近い状況でしたが、１９８５年頃から急増するようになったのです。

地学団体研究会の誕生と発展

角田氏は現在も地学団体研究会（以下、地団研）の会員ですが、地団研は戦前の日本地質学の非民主的な運営を改め、創造的な研究、科学の普及、研究条件の向上を旗印に、１９４７年に研究の健全な発展を志す若い地質学研究者たちを中心とする集まりとして出発しました。

このような大学の枠を超えた若い研究者の集まりは、第二次世界大戦後の民主化の世相を追い風として急速に会員を増やしていきました。

プレート説が勃興しつつあった1960年代前半から1970年代前半にかけて、地団研の活動は発展していきました。会員数も1974年に3000人を超え、日本地質学会の会員数とほぼ同数になり、地団研の有力者が日本地質学会の執行部の多数を占めるまでになりました。

しかしその後、時代の波は大きく変わりました。

プレート説が誕生した1960年代、わが国は安保闘争から学園紛争の嵐が各大学で吹き荒れていましたが、1970年代初め、学園紛争は終わりを告げ、文部省（現・文部科学省）の大学に対する規制が強化されました。大学の自治にとっての最後の砦ともいえる教授会の権限も縮小されていきました。

都道府県の教育委員会も上の指示を下に伝えるだけの組織になった感があります。

このような状況下で、文部省の検定を必要とする教科書にプレート説が採用されるようになったのです。

地質学者の主張は間違っているのか

地質学者の多くは「地殻運動は地球内部の運動、特にマグマの活動によって引き起こされる」と考えていました。

あるかどうかもわからないプレートを持ち出さなくても、地球上の地質現象はマグマと地殻運動から証明できると考えていたのです。

「日本の地質学は地域主義的で、かつ、地史中心主義的なものとして発展してきた」とも言われています。国土を地域単位で綿密に調査することが日本の地質学の特徴でした。

地球の表面や内部で起こる造山運動や火山活動、地震活動などの原因や法則を探究する一般地質学の専門家が少なかったことから、「原理や概念や法則に対する探究心が少ない」との指摘もありますが、地に足の着いた研究手法で着実に成果を挙げてきたと思います。それは『日本の地質』（全9巻＋別巻、共立出版）、『新地学教育講座』（全16巻、東海大学出版部）、『日本の自然』（全10巻、岩波書店）などにまとめられています。

地質学は「土台となる物理・化学の法則が作用するのは、常に時間（地質時代）と場所の条件のもとにおいてである」と考えます。

　これに対して地震学者は「彼ら（地質学者）は『地質学は歴史科学である』と考えている」「地質学に残る地域主義の考えは、物理家や化学家にとって理解に苦しむところである」などと批判しています。しかし、地質学は歴史科学であるという考え方のどこがおかしいのでしょうか。

「法則が作用するとき、時間的・空間的条件が重要な土台となる」と考える歴史科学的な発想を地震学者が理解できないのは残念でなりません。


　地震は地下の岩盤が割れることで起きる現象です。**落とした皿がいくつに割れるかを予測することができないように、どのように岩盤が割れて地震が起きるのかを予測するのは非常に困難**です。

「野外調査はかつて疑いもなく地質学の背骨だったが、もはやそうではない。これからの地質学は実験室の科学になるだろう」という声も聞こえてきます。

　地震学者は、数式を使って地震波を解析し、地震の起きる場所やその規模、地震波の伝わり方などを研究します。

ところが、地震が起きる場所の岩盤はそれぞれ異なります。このため、物理学や化学のように同じ実験をすれば同じ結論が得られるわけではないのです。

かつて日本の地震学者は「地震は地質運動の一表現である」と考えていましたが、「東海地震」の発生を予言した石橋克彦氏（神戸大学名誉教授）が「地震は物理学の対象である」と主張したように、現在、「地震は地質運動の一表現」という考え方は受け継がれていません。

火山、そして地震大国の日本にとって災害への備えは不可欠です。そのためには国民が火山や地震に対する基礎的な知識を身につけておくことが重要ですが、高校の教科「地学」への関心は極めて低いと言わざるを得ません。

文部科学省の調査によれば、高校の理科4科目のうち、火山や地震、気象などについて学ぶ「地学基礎」の履修率は26・9％、より詳しい「地学」の履修に至っては0・8％しかありません（2024年4月28日付日本経済新聞）。

日本では学科名に「地質」を残している大学も減ってきています。角田氏の専門は構造地質学ですが、角田氏自身、埼玉大学では建築学の教授として教壇に立っていました。

活断層は地震発生の原因ではない

戦後しばらくの間「断層は地震の結果」と教育されてきました。

規模の大きな地震が起きた後、震源地では時として数十㎞にわたって地表に亀裂が観測されます。この亀裂については「地震が起きた結果の産物」、つまり、「地震が起きると地面にひびが入る」と考えられていました。

しかしその後、考え方ががらりと変わりました。それは「この地表の亀裂こそが地震の正体である。断層こそ地震の原因だ」という考え方で、地表に入るこの亀裂を「地表地震断層」と呼び、地震はこの断層運動の結果だということになったのです。

この考え方の変化には、プレート説が大きな役割を果たしました。「断層運動を引き起こす力の源がプレートの運動によるものだ」と説明されるようになったからです。

阪神淡路大震災直後の1995年7月に発足した地震調査研究推進本部には、地震の調査や観測の計画を策定する「政策委員会」と、観測データを評価し防災に役立てる「地震調査委員会」の2つが設けられています。

このうち地震調査委員会は、地震発生の可能性を示すものとして「長期的な地震発生確率」なるものを発表することになりました。

その内容は、地表で認められる活断層（数十万年前以降に繰り返し活動し、将来も活動するとされている断層）をトレンチ調査という手法で断層の断面を調べて過去の活動を検出し、将来発生が心配される地震の大きさや時期を予測するというものです。

発生確率は予測した断層が動くか動かないかの目安となっています。

「地震の空白帯」という言葉もよく耳にするようになりました。

「地震の空白帯」とは、最近地震が起きた地域に隣接するが、まだ地震が起きていない地域のことを指しますが、活断層のズレが次の地震を誘発するという前提に立っています。

しかし、活断層をいくら調べたところで有益な知見が得られるとは思えません。

角田氏は40年以上にわたって関東甲信越の地質について調べてきました。山や丘陵を自らの足でくまなく歩いて、断層の割れ方やズレ方を観察してきました。

地震の原因とされている活断層のほとんどが地下数十ｍぐらいで消えてなくなることがわかっています。

これに対して、地震を発生させるのは地下数㎞より深いところにある「震源断層」です。

日本には２０００もの活断層がみつかっていますが、地下５〜30ｍの極浅発地震の震源断層につながっている活断層はほとんどありません。

地下深部の割れ目である震源断層がそのままの形で地表の活断層につながっているのは極めてまれなのです。

震源断層が地表の活断層につながってもいないのに、地表に近い活断層が地下深くの震源断層に影響を与えるとは到底思えません。

地下の震源断層のズレが地震の原因となり、その影響を受けてその上の活断層がズレることはあっても、その逆はあり得ない。つまり、**地表に現れている活断層は地震の原因ではない**のです。

活断層が自ら地震を発生させることはできない

震源断層も直下型地震の原因ではありません。

直下型地震の原因は第３章で詳しく述べるので、ここでは直下型地震の原因は「地球の中から湧き起こる熱（マグマ）の動き」とだけ言っておきます。

プレートが横から押す力では、長い時間をかけて固められた岩盤中の古傷跡である断層をズレ動かすことは不可能ですが、岩盤が熱せられれば話は別です。**断層を固めていた「接着剤」的役割を果たしていた物質が熱で溶け、しかも岩盤は熱で膨張して、四方八方に広がる引っ張り力が作用します。そのため断層面が開く**のです。

堅く動かない断層が熱で生き返ってズレ動くと考えるゆえんです。

熊本地震以降、**「活断層」が地震の原因のように言われていますが、大地の裂け目（古傷跡）である活断層は、長い時間が経過するとくっついてしまい、大きな圧力をかけても**びくともしないのです。

したがって、**普段は動けない古傷跡である活断層は、地下の高温で生き返ることはあっても、活断層が自ら地震を発生させることなどできるはずがない**のです。

地下の震源断層を動かせるのは熱の力です。この点も、プレート説のせいで過去の正しい考え方がねじ曲がってしまったことは残念でなりません。

それとともに、過去の科学者たちが導いた正しい考え方が置き去りにされて、日本全体がプレート説そのものを含めてねじ曲がった方向に進んでしまっている状況が心配でなりません。

3つの地震が統合されて「南海トラフ地震」になった

私がもっとも問題だと思っているのは、南海トラフ地震の危機ばかりが煽られている状況です。

南海トラフ地震に対する関心の高まりは、約30年前にさかのぼります。

１９９５年に阪神淡路大震災が発生した後、関西在住の一部の地震学者が「西日本は地震の活動期に入った」と指摘するようになりました。

阪神淡路大震災当時の「大地震」が意味していたのは、1970年代から言われ続けていた東海地震に加え、その西側で起こる東南海地震や南海地震のことです。

「過去にこれらの地震が連動して起こった」とされているからですが、この一連の地震活動こそが現在「南海トラフ地震」と言われているものです。

その後、「この大地震は切迫している」という発言は、地震学者ばかりでなく、防災関係者の間でも語られるようになりました。

学者からの受け売りに過ぎないにもかかわらず、防災関係者たちは明日にでも起こりそうな雰囲気で大地震の可能性を強調していました。

ところが2011年3月11日に東日本大震災が発生すると、彼らの発言は「想定外」に変わりました。前述したとおり、超巨大地震をまったく想定していなかったからです。しかしその後、東日本大震災の発生で縛りが解けたかのように、南海トラフ地震の危険性をこれまで以上に喧伝するようになりました。

次に必ず来る巨大地震の震源域は、西日本の太平洋沖の南海トラフと呼ばれるところにあるとされています。

東日本大震災の主役は太平洋プレートでしたが、次回の主役はその西隣にあるフィリピン海プレートです。海のプレートが西日本に沈み込む南海トラフは、フィリピン海プレートの旅の終着点です。

トラフの日本語は「舟状海盆」です。読んで字のごとく舟の底のような海の盆地（凹み）です。

海の中になだらかな舟状の凹地形をつくりながら、プレートは沈み込んでいきます。これに対して海溝は、プレートが急勾配で沈み込んでいく場所にできる、深く切り立った溝です。太平洋プレートの終着点は日本海溝や伊豆・小笠原海溝です。

南海トラフ地震は、東海地震・東南海地震・南海地震、以上３つの地震から成り立っています。

30年以内に発生する確率は、東海地震（マグニチュード８・０）が88%、東南海地震（同８・１）が70%、南海地震（同８・４）が60%といずれも高い数値です。しかもこれらの数字は毎年更新され、少しずつ上昇しています。

これら3つの地震はもともと個別に評価されていたのですが、東日本大震災の発生を受けて「想定外をなくせ」という合言葉の下、南海トラフ地震として1つに統合されたのです。

江戸時代のデータもある南海トラフ地震の確率根拠

南海トラフ地震の発生確率は、「この地域で大地震が起きると地盤が規則的に上下するという現象」が算定根拠になっています。

南海地震の前後で土地の上下変動の大きさを調べてみると、「一回の地震で大きく隆起するほど次の地震までの時間は長くなる」という法則性があるというのです。

その算定根拠の1つが高知県室戸岬の北西にある室津港のデータです。と言っても中には江戸時代のデータがあります。江戸時代の中頃から室津港で暮らす漁師たちには港の水深を測る習慣があったのです。

具体的に地震前後の地盤の上下変位量を見ると、1707年の地震では1・8m、1854年の地震では1・2m、1946年の地震では1・15m隆起しました。

1・8mの地盤が隆起した1707年の地震から次の地震までの間隔が147年、1・2mの地盤が隆起した1854年の地震から次の地震までの間隔が92年だったことから、1・15m地盤が隆起した1946年の地震から次の地震までの間隔は90年前後と予測できるというわけです。

マグニチュード9シンドローム

公的機関が公表している情報でも、「東海、東南海、南海地震が連動して発生すれば、当然マグニチュード9クラスの超巨大地震が発生する」とされているので、今や「南海トラフ地震＝マグニチュード9・0」というのが常識のようになっています。

第二次世界大戦後の七十数年間、地震学者が予測した大地震は一度も起きていないのにもかかわらず、「南海トラフ巨大地震は2040年までに必ず来る。巨大地震は約300年に一度の「三連動地震」となる。3つの地震が一気に、数十秒のうちに連続して起こるかもしれない。最初に東南海地震（名古屋沖）から始まるはずで、次に東海地震（静岡沖）、そして最後に南海地震（紀伊半島沖）と続く」と断言する研究者もいるほどです。

　しかし、内情に詳しい地震学者によれば、２０１１年12月に公表された「南海トラフで発生する巨大地震の想定震源域・津波波源域」の原案を作成した担当者は、**とにかくマグニチュード9を実現させるため、かなり無理をして断層をつないでいった**ようです。発生時期についてもまったく予測できないとしています。

　このことからわかるのは、**南海トラフ地震のような超巨大地震はそう簡単には起きないだろうということです。まったくの偶然が重なって発生する、最悪の場合の見積もりと考えたほうがよい**と思います。

　南海トラフ巨大地震の震源域は、駿河湾の駿河トラフから南海トラフに続き、琉球海溝北端沿いの日向灘沖に達するとされていますが、「地球物理学の見地から、地下の岩盤が推定通り都合よく割れていくのかどうか疑問だ」との声が出ています。「超巨大地震の発生時期は22世紀どころか23世紀だ」との見解もあります。

　にもかかわらず、多くの地震学者たちは、何が何でも超巨大地震の発生を警告したくてたまらないのではないかと思えてなりません。

地震学者はなぜこのような愚行を犯してしまったのでしょうか。
前述の地震学者は「想定外の超巨大地震（東日本大震災）が発生したことで、地震学者の多くは『マグニチュード9シンドローム』にかかってしまった」と説明しています。つまり、**今後「想定外」と言わなくていいように、根拠が乏しい超巨大地震の発生を想定し、とにかく「危ない」を連発しておけば、太平洋側のどこかで地震が発生したとき「想定していました」と弁解ができ、「責任逃れができる」と考えるようになった**というのです。そのターゲットになったのが南海トラフ地震だったというわけです。

しかし、この弊害は極めて大きいと言わざるを得ません。

千年に一回の極めて珍しい超巨大地震が、マグニチュード6クラスの中規模地震と同じように発生するという感覚で警告が出されるようになってしまったからです。

「最も危険なのは南海トラフ地震だ」という誤った考え方を国民に植え付けた弊害は計り知れないものがあると思います。

マグニチュード9シンドロームが最も危険なのは、人々が「危機慣れ」してしまい、本当の危険が迫ったときに何も行動しなくなるのではないかという点です。

利権と化した南海トラフ地震対策

南海トラフ地震の発生確率の算定方法についても重大な疑義が生じています。『南海トラフ地震の真実』（東京新聞）の著者である小沢慧一氏は、地震調査委員会が南海トラフ地震の発生確率を検討した会議の膨大な議事録を読みました。

その結果わかったのは、**南海トラフ地震の発生確率には特殊なモデルが用いられていた**ことです。

２０１８年2月、地震調査委員会は南海トラフ地震が30年以内に発生する確率を「70%程度」から「70~80%」に変更しましたが、高い確率を出す計算モデルを採用することに「科学的に問題がある」と猛反対する地震学者たちがいたというのです。

反対した地震学者の主張は以下のとおりです。

「南海トラフ地震だけ予測の数値を出す方法が違う。あれを科学と言ってはいけない。地震学者たちは『信頼できない』と考えている。他の地域と同じ方法にすれば20%程度に落ちる。同じ方法にするべきだという声が地震学者の中では多い」

「個人的にはミスリーディングだと思っている。80%という数字を出せば、次に来る大地震は南海トラフ地震だと考え、防災対策もそこに焦点が絞られる。実際の危険度が数値通りならいいが、そうではない。まったくの誤解なんです。数値は危機感をあおるだけ。問題だと思う」

地震学者はデータ不足についても指摘しました。

「室津港1か所の隆起量だけで、静岡から九州沖にも及ぶ南海トラフ地震の発生時期を予測していいのか」

「このモデルのデータは宝永地震と安政地震と昭和南海地震の3つだけ。圧倒的にデータが不足している」

小沢氏の独自調査により、元々のデータ自体の信頼性が低いこともわかっています。

しかし、地震学者の正論に待ったをかけたのは、行政担当者や防災の専門家でした。彼らは「今さら数値を下げるのはけしからん」と猛反発しました。

「現在のモデルでやれば2040年頃だが、他と同様のモデルにすると地震発生は今世紀後半になってしまう。巨大地震への危機感が薄れてしまう」というのが表向きの理由ですが、本音は「発生確率が低下すると南海トラフ地震関連の予算が減ってしまう」ことへの懸念だったと思います。

南海トラフ地震による災害規模は220兆円と言われており、東日本大震災の被害総額（約20兆円）の10倍以上だとされています。

「南海トラフ地震の危機が迫っている」と言うと予算を取りやすい環境にありました。

南海トラフ地震対策は2013年度から2023年度までに約57兆円が使われ、さらに2025年度までに事業規模15兆円の対策が講じられる国土強靱化計画の重要な旗印の1つで、地震調査研究関係予算は年間約100億円が使われています。

これまでの前提が崩れてしまえば、「飯の食い上げ」だというわけです。

心ある地震学者からは「科学と防災をちゃんと分けないと、科学者はいずれ『オオカミ少年』と呼ばれてしまう。政府が間違った道を進もうとしているときは、突っ込みを入れる人が必要だ」との声が聞こえてきます。

残念ながら、南海トラフ地震対策は利権の道具にされているようです。

この章を閉じるにあたって一言付け加えておきます。**結局、南海トラフ地震は地震関係**

の研究者なしで決められたことです。つまり科学者を置き去りにして世相は進んでしまったのです。

このような問題点を踏まえ、第4章では今後の地震対策のあり方を述べるつもりですが、そのためにはまず地震発生のメカニズムを正しく理解することが不可欠です。

次章では角田氏が長年提唱してきた熱移送説について説明します。

第3章

地下の「熱移送」が地震を引き起こす

松代群発地震

私は地震の原因は、プレートや活断層ではなく、「地下の熱（マグマ）移送」であると考えています。

このことを如実に示す約60年前の地震をご紹介しましょう。

その地震とは、長野県埴科郡松代町（現・長野市）付近で１９６５年８月から約５年もの間続いた松代群発地震のことです。それは世界的に見てもまれな長期間の群発地震でした。

皆神山（標高６５９ｍの溶岩ドーム）を中心に約5年間に起きた地震は合計で71万回を上回り、このうち有感地震は約６万３０００回（震度5が9回、震度4が48回）でした。

震源が浅かったこの地震は、「ハチの巣」のように震源が集中する「地震の巣」を持ち、これが川中島あたりから現在の中央高速道路沿いに北東方向へ移動していきました。

武田信玄と上杉謙信の古戦場の地下約10㎞のところにある高温部が、群発地震を伴いな

1965~1967年松代群発地震における マグマと地震の活動経過

松代地震時に起きた発光現象

松代群発地震におけるマグマと地震活動の経過

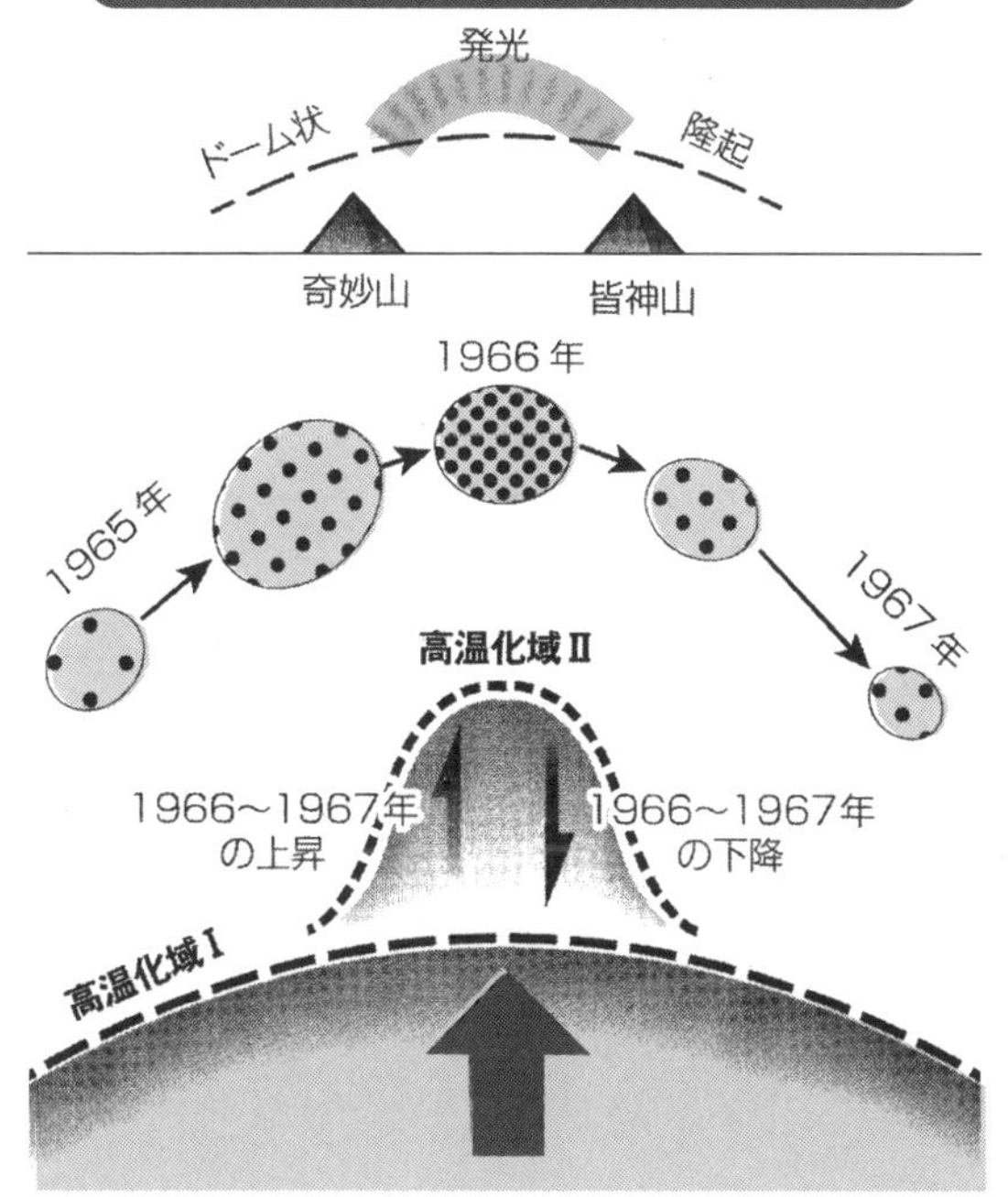

がら千曲川の上流側へ向かって移動していることがはっきりとわかりました。高温部は更埴（こうしょく）市の地下12kmあたりから松代町の皆神山へ上がっていき、その後、須坂市の地下に下がっていったのです。

興味深いのは、松代群発地震が起きている間に何度も発光現象が観察されたことです。震源地に近い皆神山は、真夜中なのに夕暮れのようにボーと明るくなったのです。地元の人々の間では「皆神山からゴーという音が聞こえた」との伝承が残っています。この発光現象は、地面が熱くなって光ったと考えなければ起こらない現象です。群発地震を引き起こしていた高温部が、皆神山の地下1kmまで上昇してきたことがその原因で、熱せられた鉄が光る現象と同じです。

群発地震は火山のそばで発生しやすいことから、「熱が関係している」と言われていました。詳しいメカニズムはわかっていませんでしたが、現場で調査した東京大学地震研究所のスタッフを中心とするチームがこのことをつきとめたのです。

地震の謎に迫った東大松澤チーム

松代地域には幸いなことに気象庁の地震観測所がありました。

これには、第二次世界大戦末期、松代町に皇居や軍の参謀本部を移転する計画（松代大本営）があったという戦前の経緯が関係しています。

硬い岩盤のある松代町に地下壕が掘られ、皇室が居住する建物も完成していましたが、終戦を迎え、これらの施設は「無用の長物」になっていました。

しかし、気象庁は「硬い岩盤に掘られた横穴は地震計の設置に最適」と判断し、松代地震観測所を設置したのです。

立地条件のよさに加え、設置された地震計も当時世界最高を誇っていました。

米国は、旧ソ連の地下核実験を探知するため、世界124か所に最新鋭の地震計を設置しましたが、そのうちの1つが松代地震観測所に置かれていたのです。

そこに当時の日本の地震学を代表していた学者が集いました。調査チームの中心的存在は東京大学地震研究所の松澤武雄氏でした。

難しい熱力学の計算が得意だった松澤氏は、1962年頃に「熱機関説」を唱え始め、1966年に英語の本を出版していました。

その計算とは、「地下の熱エネルギーがどのくらい増えれば、地下の岩盤は何度にな る」「その温度で岩盤が何％膨らむから、岩盤は何センチ切れて裂け、地震が発生する」というものでした。

熱機関説というのは、熱せられて岩盤が膨らんで裂け、地震が起きるプロセスをすべて計算で確かめたものです。つまり、岩盤を膨らませたり、裂いたりするときに使われる熱エネルギー量が、すべて計算で確かめられたのです。

言い換えれば、**地震が発生するまでのプロセスにおけるエネルギー収支をきちんと計算で確かめた**のです。これは誰もが認める力学の法則に則った地震論です。

このような理論がほぼまとまった頃に、松代群発地震が起きました。

松澤氏が率いる調査チームは、地震はもちろん、地形、地質、重力、地磁気、地質ボーリングなどの分野で当時最も進んだ技術を総動員しました。

調査チームは最初に地下の温度状態を調べました。このために使われたのが全磁力計です。

この器械は、数百度になると磁力がなくなるという、キュリー夫人の夫であるピエール・キュリーが発見した「キュリー点」の原理を応用したものです。磁力の強弱で地下の温度の高低がわかるのです。

地下から溶岩のもとである１０００度のマグマが上がってくれば、磁力計の値はどんどん下がります。

松代地域は東に浅間山と草津白根山、北西に新潟焼山（にいがたやけやま）、南西に焼岳と、火山にぐるりと囲まれた温泉地帯です。これらの火山群が地震発生の２年前の１９６３年に一斉に噴火したのです。中信越地域から群馬県西部に至る地域で地下のマグマが高温になり、火山活動が活発になっていたと考えられます。

浅間山と焼岳をつなぐような地下の溝があり、松代地区はその中に位置しています。しかも、キュリー点はその溝沿いで低くなっていたので、溝は熱い状態にあったと言えます。さらに、これらの火山は地震の１～２年前に噴火しており、溝の温度は通常よりもずっと高かったのです。

つまり、いつ火山性群発地震が起こっても不思議ではない状況でした。

発生から1年半弱経った1967年1月頃から、地震は減り出しました。磁力計の数値も上がり、地下の熱い部分が15㎞ほど下降したことで、ようやく火山性群発地震が終わったのです。

このことは**地下の熱が群発地震と関係があることの決定的な証拠**だと思います。

地震を人工的に起こす

距離を光波の反射で測る光波測量計を使用することにより地面の「伸び」がわかり、地面の高低を測る水準測量により地面の盛り上がりも確認されました。

この調査方法は、現在当たり前のように世界各地の火山や地震観測所で使われており、日本が世界に誇る火山性群発地震に関する調査のお手本とされています。

皆神山の北北西の近いところにある国民宿舎松代荘の敷地内で深さ1933mまでボーリングを行っていた調査チームは、興味深い「地震の再現実験」も行いました。

松代付近の地下には花崗岩層が切れてできた断層がありました。

この大地の切れ目を通って高温のマグマや火山ガスが上昇して松代の地下の岩盤を熱したため、岩盤は風船のように膨らみながら次々と割れていったのが松代群発地震発生の真相ではないか。そう考えた調査チームは、「孔を掘って水を入れて様子を見る」という実験を行いました。

そうしたところ、急に地震が増えたのです。「温泉水が岩盤の割れ目を広げて群発地震を活発化させたのではないか」という彼らの読みが当たったのです。

この実験は、米国でシェールガスやシェールオイルを採取する際に、シェール（頁岩）層を破壊するために水を高圧注入する作業に似ています。

シェールオイルなどの採取地域で地震が多発しているというところまで同じです。

前述の西村氏の「断層の水が地震を誘発した」との主張はこの調査チームの実験に触発されたもののようです。

松代地震のことを知っているのであれば、なぜ地震学者たちは改めて熱機関説を研究しないのでしょうか、私は不思議でなりません。人は知りたくないことに耳を貸さず情報を遮断するものです。プレートという名の「バカの壁」が邪魔をして、あえて熱機関説を無視したのかもしれません。

松代群発地震の調査チームは「火山と地震は共通の原因（マグマ）で起きる。地震の原因はマグマ（熱）だ」と確信しました。

松澤氏は「マグマが実際に移動して地震が起こる」と考えていましたが、松代群発地震の際、溶岩などの高熱流体が動いた事実はありませんでした。このことを踏まえて私は、「物体の移動を伴わず、熱だけが移送される」と考え、「熱移送説」を唱えています。

当時、日本では最初の地震予知研究計画もスタートしていました。

松澤氏の熱機関説が浸透、発展していれば、日本の地震予知に関する状況はまったく変わったものになっていたのではないか。そう思うと残念でなりません。

松澤氏の熱機関説と私の熱移送説はほぼ同様の結論に至っていたのですが、その直後に日本に紹介されたプレート説のせいで、その調査結果がすっかり忘れ去られてしまったのです。

熱移送説

私は前述したマントルトモグラフィの画像を基に熱移送説を構築しました。その概略をかいつまんで説明してみましょう。

熱移送説の中で主役を務めるのは、「プレートの移動」ではなく、「熱エネルギーの伝達」です。その大本の熱エネルギーは、地球の地核（特に外核）からスーパープリューム（高温の熱の通り道）を通って地球の表層に運ばれ、表層を移動する先々で火山や地震の活動を起こすというものです。

火山の場合、熱エネルギーが伝わると熱のたまり場が高温化し、そこにある岩石が溶けてマグマ（約1000度に溶けた地下の岩石のこと。この高温溶融物が地表へ噴出したのが溶岩）と火山ガスが生まれます。そして高まったガス圧を主因として噴火が起きます。

地震の場合は、地下の岩層が熱で膨張して割れることにより発生します。溶接でくっつけた鉄を力ではがすのは大変ですが、熱すると簡単にはがれることを皆さんはご存じだと思います。熱エネルギーの量が多いほど、大きな破壊（地震）が発生します。

スーパープリュームは、地球の中心（外核）から、南太平洋（ニュージーランドからソロモン諸島にかけての海域）と、東アフリカの2か所へ出てきます。

これは、地球の中心から表層に向かう流れの本流です。これ以外の無数の小さな支流は、隙間を見つけて地球の中を上へ上へと向かっているようです。日本の地震や火山の噴火に関係するのは、南太平洋から太平洋の周りを流れる本流のほうです。

南太平洋から出てきた熱エネルギーは、西側に移動し、インドネシアに到達すると3つのルートに分かれて北上します。

1番目のルートは、インドネシアを経由してフィリピンから西日本に到達する流れで、フィリピンのP、ジャパンのJをとって「ＰＪルート」と呼んでいます。

ＰＪルートは、大きな噴火や地震が頻発しているフィリピンや台湾、沖縄から九州にかけた霧島火山帯へと続いています。２０１６年4月の熊本地震を起こしたのは、この熱の流れです。

2番目のルートは、南太平洋からの道筋はＰＪルートと同じですが、フィリピンで枝分かれし、マリアナ諸島→伊豆諸島→東日本という流れです。マリアナのＭとジャパンのＪをとって「ＭＪルート」と呼んでいます。伊豆諸島に沿って北上した熱は、南関東→東関

高熱流は太平洋に3ルート、うち2本が日本へ!

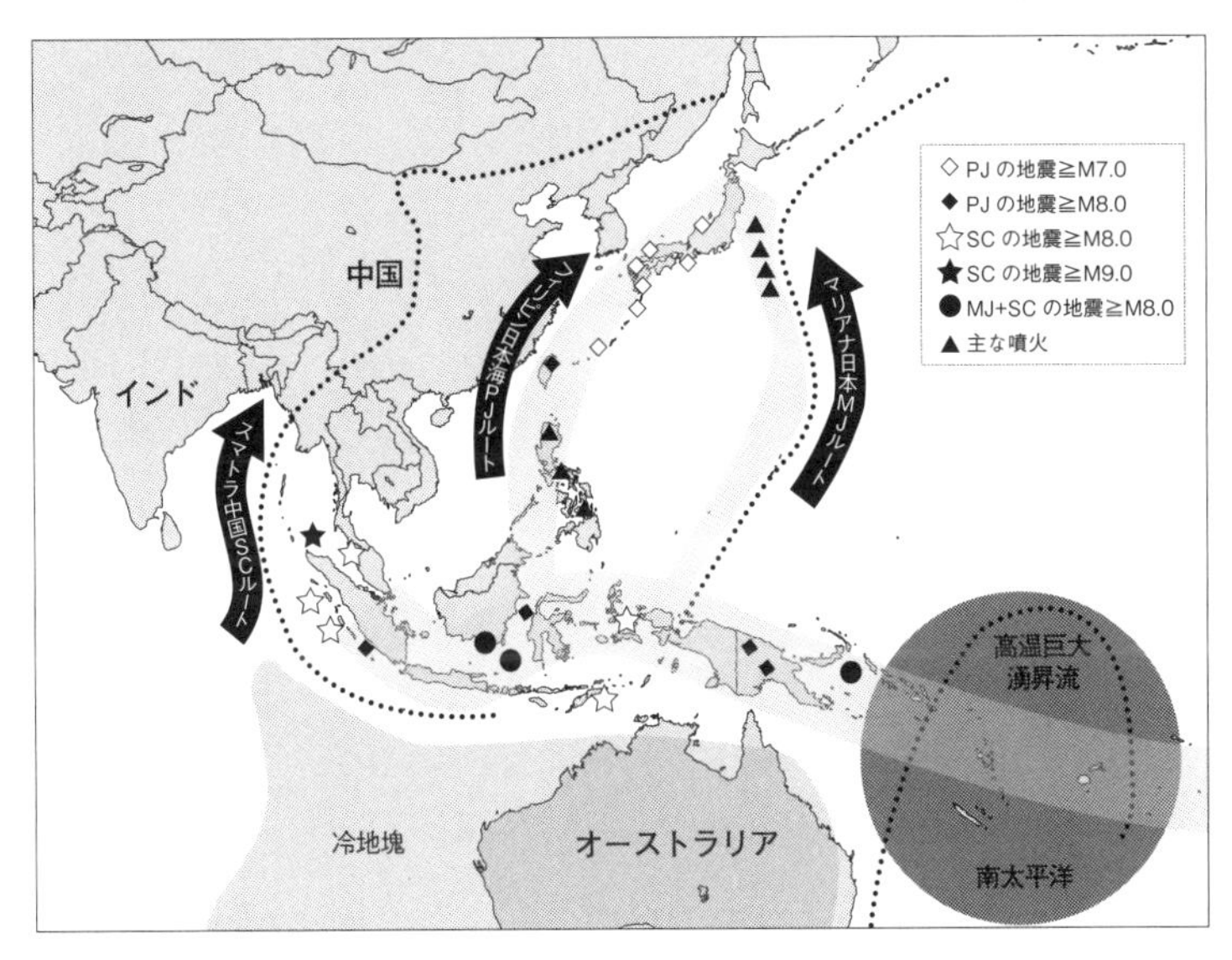

①地表近くには太平洋のタヒチ〜フィジー諸島、東アフリカの2か所に地球深層からの高熱流の「吹き出し口」がある。

②南太平洋のその「吹き出し口」からは、南米大陸沿いに向かうルートとアジアに向かうルートに分かれる。

③アジアルートは、スマトラ・中国（SC）ルート、フィリピン・日本海（PJ）ルート、マリアナ・日本の太平洋岸（MJ）ルートの3本がある。このうちPJルートとMJルートを通って日本に地震がやってくる。

東と、日本海溝↓東北太平洋岸に枝分かれします。伊豆諸島北部で火山が噴火すると、1～2年後に首都圏南西部で地震が起きます。南関東↓東関東の熱の流れは、多摩川や埼玉・東京都県境などの決まったゾーンを西から東へ順に「飛び跳ね」ながら地震を起こすと考えています。

3番目のルートは、インドネシアのスマトラ島↓中国というルートです。スマトラのSと中国のCをとって「SCルート」と呼んでいます。この熱の流れが、2008年5月の中国の四川大地震を起こしました。

火山の噴火と地震の発生場所はずっと同じです。約10億年前の地球の大変動により、環太平洋地域は深く裂けて熱水が上がってきて、岩石をすっかり変えてしまいました。その後もマグマが噴き出し続けて火山をつくり、地震を頻繁に発生させる場所になったのです。それが今も続いていて、環太平洋火山・地震帯と呼ばれる、火山と地震がペアで起きる場所になったのです。

熱エネルギーが通りやすく、たまりやすい場所でもあるので、高温化する場所や岩盤の割れやすい所が、10億年間もほとんど変わらなかったのです。このため熱エネルギーが移送されることによって生じる火山の噴火地点や地震の起こる場所はいつも同じです。

熱エネルギーは1年に約100㎞の速さで移動します。このため、**インドネシアやフィリピンで地震や火山の噴火が起きた場合、その何年後に日本で地震や火山の噴火が起きるかが、ある程度予測できる**と考えています。火山の噴火から地震発生の予兆を捉えることも可能です。

東アフリカにも南太平洋以外のスーパープリュームの湧昇場所があります。東アフリカからの熱移送ルートは、地中海→イタリア→トルコを経由して、ヒマラヤ山脈に行き着きます。

2つのスーパープリュームからの熱移送は、どちらもヒマラヤに辿り着き、地下700㎞あたりで合流して地面を押し上げることで、世界最高峰の山々の形成を後押ししたと考えています。

以上が熱移送説の概略です。

プレート説では説明できない四川大地震

本書の「はじめに」でも触れていますが、2008年5月に起きた中国内陸部にある四川省の大地震の発生はプレート説では説明できません。

日本海溝の衝突・沈み込み帯から約2500㎞、ヒマラヤの衝突地帯からも約2000㎞離れているからです。もしプレートの衝突力がそれほど離れたところまで及ぶというのなら、衝突帯の近く、例えば日本でなぜ巨大地震が起こらなかったかという疑問が浮かびます。

しかし熱移送説なら、四川省の大地震の発生の際、なぜ日本で巨大地震が起きなかったのか、説明が可能です。

私はSCルートの熱の流れを把握していたので、2007年5月にミャンマーで地震が起きた際に「熱エネルギーに余力があれば、中国の雲南から四川あたりで地震が起きる」と埼玉大学の学生たちの前で話しました。ちょうど1年後にこれが現実のものになりました。

四川省では、その後も大きな地震が発生しています。黄河中流域でも、以前から大きな地震が何度も起きています。１５５６年の大地震を皮切りに、１８００年代中頃までにマグニチュード8を超える巨大地震が４回も起きています。マグニチュード６～７クラスの地震になると、数え切れないほど起きているのです。

黄河中流域は、地震によるこれまでの死者の総数が２００万人を超えるとまで言われている「巨大地震の巣」です。

黄河中流域には、楊貴妃が入浴したとの伝説がある華清池（かせいち）という温泉があります。温泉があるということで、黄河中流域の地下が熱いことがわかります。

地球内部の熱の流れ

次に熱移送説における熱の伝わり方について説明しましょう。

熱の伝わり方は、大きく3つあります。１つ目は火にかけたフライパンの柄が熱くなる熱伝導、２つ目は水などが対流して温まる熱対流、そして燃える火などから熱がそのまま伝わる熱放射、この3つです。

地球内部からマグマの熱はどのように伝わっていくかについては、地球の熱源となっている外核からは、いつも外側への熱放射や熱対流があります。

地殻では、岩石が溶けてできたマグマや火山ガスによる熱伝導が起きています。

熱の通り道は、地温が極めて高く、熱対流のスピードが速く、高温のマグマや火山ガスの動きが活発で、熱伝導が頻繁に起こり、放射熱がたまりやすいところです。

最近では、地下600〜700kmの「地震発生の限界震度」あたりから、急上昇する超臨界流体があるのではないかと言われています。

超臨界というのは液体と気体の性質を併せ持つ状態のことであり、地下深部を超高速で伝わることができると考えられています。

地球の深奥で起きる「深発地震（地下200〜660kmで起きる地震）」と地表の火山噴火や巨大地震の関係もわかってきました。

これまで日本を含め世界の地震学会では、せいぜい地下400kmまでの地震データしか入手できませんでした。

それが2012年になって米国地質調査所（USGS）から上部マントルの奥底である

地震発生のメカニズムは「熱い地球」の内部構造にある!

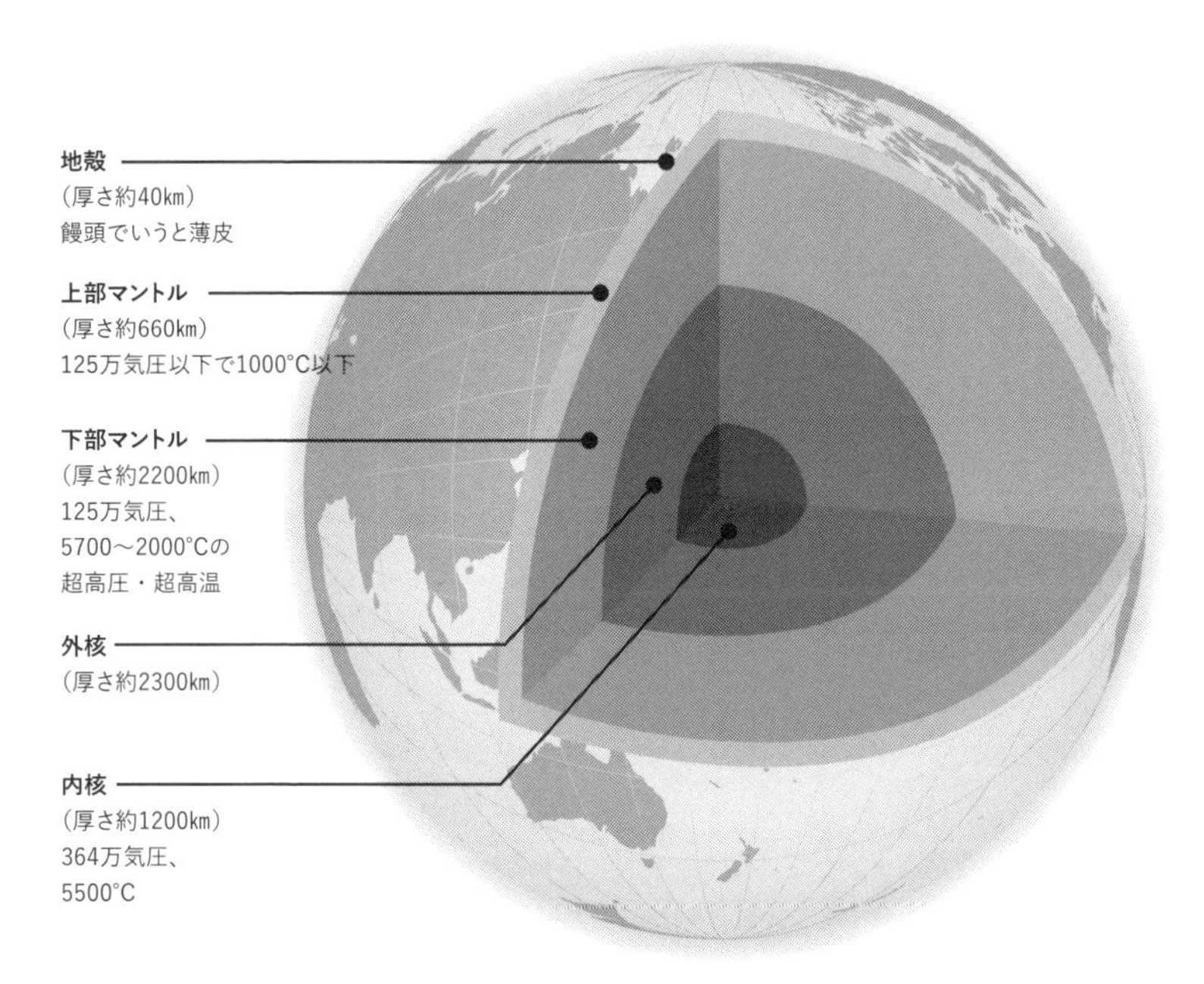

高輝度光科学研究センター作成のモデルより作図

下部マントルはドロドロのマグマと岩石が混じった状態。その上の上部マントルとの境目から上は、熱いドロドロのマグマと岩石が混在するやわらかい層で、「粒あん」の饅頭のような状態である。

地下660㎞までの世界中の地震データが公表され、アクセスできるようになりました。

これを丹念に見ているうちに、深発地震が起きると、一定の時間間隔で地表の火山噴火や大地震が起きていることに気づきました。

世界各地の火山活動の詳細データは米スミソニアン自然科学館が公表しています。


地球の表面は70~100㎞ほどの厚さの地殻で覆われています。

地球全体の直径は約1万2700㎞なので、饅頭で言えば皮のようなものですが、その底にあたる地下410~660㎞にある「上部マントルと下部マントルに挟まれた遷移層」に、火山の活動源とともに地震の発生源があるようなのです。

地下410~660㎞の部分には、マントルからドロドロになったマグマと岩石が混じった状態で吹き上がってきています。

しかし、どろどろの高温の液体だけでは地震は起きません。上部マントルは下部マントルよりやや温度が低く、岩石層が熱せられて割れるので、地震が起きるのだと考えています。

上部マントル下部にある遷移層で連発した地震の熱エネルギーが地表にどうやって届く

のかを以下に示しておきます。

まず、①地球の中心・外核から湧き上がった2200～5000度の熱エネルギー流が、2200度の下部マントルを超高速で通り抜けます。②その超高温流は、地下410～660㎞で上部マントル下底にある遷移層を照射し、③その高温で岩石層が割れて起きるのが深発地震、④それがアセノスフェア（地下100～400㎞にある）を高温化し（温度は1000度）、やがて地表で大地震を発生させます。

おおよその理論的な説明はできますが、まだ科学的論証の手前の「仮説の卵」のような推論です。推論と言ったのは、現在の技術では、せいぜい地下1万2000mまでしか掘削できないからです。

高温から中温の場所でしか地震は起こらない

なぜ環太平洋地域で多くの地震が発生するのか。それは、南太平洋のスーパープリュームにより高温化した地域が環太平洋沿いに広がっているからです。高温化した岩石層が次々に膨張して破壊され、地震が発生するのです。

現在の太平洋がある地域で10～7億年前にマグマの生産量が増えて高温化が起こり、その熱で焼かれた岩石層が曲げられるような大変動が起きました。「蓋をされた熱い高圧鍋」状態だった太平洋の地下に溜まった熱がその深い亀裂に集められて、スーパープリュームからの熱を集めて通すルートになったと推測できます。これをグレンビル変動と言います。

熱せられた調理中の鍋の蓋からは、熱い物が噴きこぼれます。それと同じで、環太平洋地域はマグマの噴きこぼれる場所であり、これが環太平洋火山帯なのです。


環太平洋火山帯についてもう少し詳しく説明してみましょう。

環太平洋地域には、６００万～３００万年前に噴出した大量の溶岩があることから、この時期に火山が誕生したことがわかります。

環太平洋火山帯は現在も活発ですが、マントルトモグラフィの画像によれば、環太平洋火山帯の地下には、厚さ２００㎞もの熱い岩石層があることがわかっています。

各地でわずかに時期はずれますが、環太平洋火山帯の変動は、あちこちでほぼ一斉に起こると考えられています。
「高圧蓋の縁」にあたる環太平洋地域の地下の熱くブヨブヨした岩石層が、上に載っている「高圧蓋」をあっちに傾け、こっちに沈み込ませたりして動かすので、火山と地震が同時多発的に発生するのです。

環太平洋で地震が多いのは、プレートが衝突するからではなく、スーパープリュームの熱が流れ込む場所だからなのです。

そもそも地震は、地下が高温から中温の場所でしか起きません。

スーパープリュームからの熱は年間約100㎞のペースで北上すると想定しており、例えば**フィリピンで地震が起きれば、その何年後かに日本で地震が起きることがあるとある程度予測できる**と考えています。

熱の移送に伴い、地震はまず深いところで起き、次第に浅いところへ移っていく傾向があるとみています。

このことは、米国地質調査所（ＵＳＧＳ）のホームページ上のデータベースで、特定地域の地震の発生順を検索すればわかります。

スーパープリュームの活動には強弱がありますが、スーパープリュームは地下3000km以深にある外核とつながっていることから、外核の活動の強弱の影響を受けるからでしょう。

二十数億年前に起きた最初の大地震

私は地層を見ることで過去に起こった地殻変動の歴史を解明し、地震が起きる原因にアプローチしています。地震という現象をより深く理解するためには、地球ができた過程を正しく理解する。これが何より重要だと考えています。これに基づいて、ここで地震の発生原因である熱とマグマの活動の歴史を振り返ってみたいと思います。

現在の地球は、惑星のもととなる微惑星（隕石の集合体）が何度も大衝突を繰り返し、その微惑星がくっつくことで誕生したと言われています。

しかし不思議なことに、現在、表層には地球誕生以前の隕石でできた岩石層は見つかっていません。

おそらく地球の歴史の中で、隕石の岩石層が溶かされるような「大事件」があったからと想像できます。

最初に地球の外側に集められた水素などの軽い放射性元素が熱を出し、「燃える地球」となりました。しかし、水素などは数億年で燃え尽きてしまいます。

その後、地下にある鉄やマグネシウムなどの重い放射性元素が燃え始め、天然の原子炉をつくり、ゆっくりと熱を出し始めました。

その天然の原子炉が6000度で溶け、地下3000〜4000㎞にある外核をつくり、今も燃えさかっていると考えられています。

地球の中心（外核）が溶けていることは、自転軸が横ブレしていることでわかります。中に空気しか入っていないボールはスムーズに転がります。しかし、中に水が入ったボールはふらつきながら不安定に転がります。これと同じです。

地球も、中に水の入ったボールと同じように、内部に溶けた部分が存在するために安定した回転ができず、自転軸がふらついているのです。

冷たかった地球にマグマという熱く溶けた岩石ができ、そのマグマの勢いが強いときに地殻変動が起きるようになりました。地殻変動があるたびに、大陸や海はつくり替えられてきました。その意味で、マグマが地球をつくっていたと言っても過言ではありません。

そのマグマは現在も大小の熱の補給を受けながら、強い地殻変動や地殻変形を繰り返しているのです。マグマの生産量は変化しており、熱が補給されなければ、マグマの勢いが衰えてしまいます。

地球の歴史の初めの時代ほど、マグマの生産量が多かったことがわかっていますので、スーパープリュームの数もその後少なくなったと考えられます。

まず粘り気のない玄武岩質のマグマが湧出し、次に粘り気のある花崗岩質のマグマが湧昇したと言われています。

地殻変動は、こうしたマグマが湧昇した後で発生します。

最初に湧出した玄武岩質のマグマは粘り気がなくサラッとしているので、湧昇して横に広がります。地殻は引き伸ばされて薄くなって沈み、海ができ、長い割れ目ができたとされています。

しかし、その後の花崗岩質のマグマは粘っこいので、地殻を押し上げながら湧昇します。地殻は盛り上がり陸をつくります。地殻は押し曲げられたり、切られたり、破壊や変形を受けるのです。

25億年より古い時代では岩石はマグマが流れながら固まったので、ほとんどの岩石には縞目がついていいます。このことから、その時代は硬く固まった岩層がほとんどなかったので地震を起こす割れ目はできにくく、大地震はほとんど起こらなかったと想像できます。

しかし、25～20億年前の岩石や地層でできた硬い岩層では、マグマが岩層を押し破って湧き出ている様子が観察されています。このことから、硬い岩層が割れる時に地震が発生していたことは間違いありません。

このことから、**「地球で最初の大地震は25～20億年前頃に起こった」と言える**でしょう。**地球史のかなり早い段階から現在に至るまで、地震の主役は熱（マグマ）**だったのです。

地球の変動について具体的に議論されているのは25億年前以後のことですが、その後、数億年ごとに変動が起きています。

地球の「殻」にあたる地殻という岩層ができて、それが切れたり曲げられたりする地殻変動は、20億〜15億年前に始まったと言われています。どの地殻変動の前にも必ずマグマの大湧出があったのです。

日本列島形成の主役もマグマ

現在の日本の地震や火山の「生みの親」は、約2000万年前に大湧昇してきた安山岩マグマだと考えられています。

熱いマグマが大量に湧き上がってくれば、硬く巨大な大地はひとたまりもありません。大地は押し曲げられてひび割れだらけになります。

日本中に数え切れないほどある**温泉や火山は、地下の割れ目が開きっぱなしになっている地点**です。温泉水が地下から湧き出たり、マグマが湧き上がって噴火を起こしたりするのはそのためです。

日本列島の場合、約6000万年前からマグマの活動が活発化して、割れ目から地表にあふれ出ています。それとともに、海だったところが陸に変わり、陸の面積が増え続けています。それが急加速したのが約70万年前で、それ以降、日本列島の地面は上がりっぱなしです。

火山岩には、一定の速度で重さを減らしていく放射性元素が含まれています。この重さを測ることで、マグマが冷えて固まった以降の「火山岩の年齢」を計算することができます。

また化石を観察することで地層の時代区分と、そこが海だったのか陸だったのかを判別することができます。このような時代を確定する技術は格段に進歩しましたが、小松左京氏の小説『日本沈没』が出版された1970年当時は、まだきちんとした時代考証ができなかったのです。

『日本沈没』では、日本の約半分が海に沈むことになっているようですが、きちんとした時代考証に基づけば、600万年以後の「日本列島の浮上」は明らかです。

伊豆・箱根の真北に足柄地域と丹沢地域があります。プレートが衝突する地域だとされていますが、この場所をくまなく調べても、その痕跡をみつけることはできませんでした。

長い間、地球の歴史的な変動の主役だったマグマが、いつ、どのような原因でプレートにその座を奪われたのでしょうか。これまで納得のいく説明を聞いたことがありません。

東日本大震災発生のメカニズム

スーパープリュームからの熱が日本列島に到達するとどうなるのかを考えてみましょう。

日本列島の土台は花崗岩層で、その下に熱く一部溶けた岩層があり、それらを熱いマントルが支えています。お墓などに使う御影石などが花崗岩の一例です。

熱が運ばれて地温が高まると、ブヨブヨした岩層（中部地殻とその下の下部地殻）は、まるで食パンが焼かれる時のように膨らみます。

そして、その上に載る花崗岩層でできた岩層（上部地殻）は盛り上がり、引き裂かれます。

東日本大震災の震源も花崗岩質でした。気象庁や観測センターを持つ大学などのデータの解析結果によれば、東日本大震災の震源断層面は花崗岩層の底面でした。

その底面の裂け目の広さは、５００㎞×２５０㎞にも及びます。そして、その面を含む地下10〜60㎞の範囲が動き続けて、次々と余震を発生させました。「東日本大震災の震源はプレート境界面だった」との指摘がありますが、はたしてそうでしょうか。

震源が分布するエリアはほぼ平らであり、これまで想定されてきた傾いたプレートの沈み込み面とは異なった場所でした。

このことから、**「マグニチュード9・0の超巨大地震の原因は太平洋プレートの沈み込みではなかった」と考えざるを得ません。**

超巨大地震の発生は2000年以降、スーパープリュームからの熱の流れが勢いを増したことが関係していると考えています。

アジア地域の地震活動が活発になりましたが、その代表例が2004年のインドネシアのスマトラ沖地震（マグニチュード9・1）でした。

東日本大震災より1・5倍も大きなエネルギーの放出でした。

インドネシア全土の火山が一斉に噴火できるほどのエネルギーが移送されていたにもかかわらず、スマトラ島だけが2002年頃から噴火が止まっていました（詳しくは後述しますが、火山が噴火する時の放出エネルギーは、地震の放出エネルギーよりも格段に大きいことがわかっています)。

噴火が止まったことでスマトラ島の地下は高圧釜状態となったために1000km以上にわたって岩層が引き裂かれ、超巨大地震が起きてしまったのです。

東北地方の太平洋沖にはＰＪルートとＭＪルートから何度も熱が移送されていましたが、同地域でも火山の噴火がなかったことから、スマトラ島と同様、地下が高圧釜状態になってしまっていたのです。

水準点測量では10年以上も地面が上がりっぱなしだったことがわかっています。地面を押し上げていた花崗岩質岩層が長年にわたって押し曲げられていたのでしょう。

花崗岩層はせんべいに似ていて硬くて脆いので、わずかに曲げられただけであちこちが割れ始めます。東北地方の太平洋沖の花崗岩層が2011年についに広範囲にわたってはじけるように割けてしまったのではないでしょうか。

このように考えないと、巨大な裂け目が、わずかな時間で割けたことを説明できません。

マグニチュード9・0の超巨大地震はこうして起こったのだと考えています。

南海トラフ地震の危険性をどう見るか

駿河湾から遠州灘、熊野灘、紀伊半島の南側の海域、および土佐湾を経て日向灘沖までのフィリピン海プレート、およびユーラシアプレートが接する海底の溝状の地形を形成する区域を南海トラフと呼びますが、ここではこれまで何度も巨大地震が発生しています。１８５４年に安政東海地震（マグニチュード８・４）と安政南海地震（マグニチュード８・４）という巨大地震が立て続きに発生しました。

日本の地下は当時、大変熱く、マグマの動きが活発だったのです。南は沖縄の硫黄島、九州の阿蘇山、本州の富士山、青森県の岩木山、北海道の洞爺と駒ヶ岳の大噴火など、日本中の火山が暴れまくっていたのです。

南海トラフでは90年後の昭和に入ってからも巨大な地震が連続して発生しました。１９４４年の東南海地震（マグニチュード７・９）と１９４６年の南海地震（マグニチュード８・０）です。

この巨大地震が発生する前の１９３５年から１９４０年にかけて、霧島火山帯では新しい島ができるほどの大きな海底火山活動があり、新潟・静岡・伊豆諸島などでも活火山の連続噴火がありました。関東から九州までの火山が一斉に活発になったのです。

その結果、花崗岩でできた岩層が押し上げられて、太平洋沿岸で弾けるようにはがされたのです。

数百キロメートル以上にわたる巨大岩層が一瞬にはがされるような地震の起こり方は、2011年の東日本大震災と同じです。

これが南海トラフに沿った連続巨大地震の発生原因です。

あちこちで噴火が相次ぐような活発な火山活動がある場合は、巨大地震に要注意です。

このことからわかるのは、いたずらに南海トラフ地震の危険性を叫ぶのではなく、西日本地域の火山活動に注目することの大切さです。

私が地震と火山活動をセットで考えるべきだと考えているのは、過去に起きたこうした大地震には必ず活発な火山活動があったからにほかなりません。

地震と火山の噴火をセットで考える

ここで地震と火山噴火のエネルギーの大きさについて説明してみたいと思います。

マグニチュードは地震そのもののエネルギーを表す単位です。ちなみに、マグニチュード6・0の地震のエネルギーは、広島型原子爆弾の爆破力と同じ大きさです。そのエネルギーの32倍の大きさがマグニチュード7・0、そのまた32倍がマグニチュード8・0となります。

東日本大震災のマグニチュード9・0はマグニチュード6・0の32×32×32倍、つまり、原爆約3・3万発分のエネルギーとなります。

次に、噴火のエネルギーについて説明します。

噴火はまず地下の岩石層を破壊しつつ押し上げていきます。ここまでは地震と同じですが、岩石層を押し破り、噴出物を吹き飛ばすという「仕事」が加わります。

詳しい計算方法は省略しますが、例えば、世界最大の噴火のエネルギーは、世界最大の地震（マグニチュード9・5）の1000倍にも達します。

火山の噴火はエネルギーが大きいことに加え、同じ地下の現象でも予兆が捉えやすいという特徴があります。

火山の前兆から地震の発生を探るという手順が合理的だというのは、予兆が捉えやすいという特徴があるからです。

具体的には以下のとおりです。

火山が噴火するときは、まず深いところで低周波地震が起きます。1000度ほどで溶けた岩石である熱いマグマが揺れ動いているからです。

それから、地下15㎞あたりで起きた地震群は次第に上昇してきて、火山の近くで群発性地震が発生し、その直後に噴火が起こります。

マグマの熱移送が火山の噴火と地震発生の共通の原因であるとすれば、火山活動と地震活動を追って順にプロットしていくと、ある種の法則性がわかるのです。

富士山の噴火は当面ない

日本に運ばれてくる熱エネルギー（高温域）は、決まったルート、決まった周期で、日本列島の地下を温めながら移動していきます。その規則性を調べていけば、最終的には地震予知に応用できると私は考えています。

ここで日本各地の「地震の癖」について見ていきたいと思います。

2012年1月に東京大学地震研究所は、「マグニチュード7クラスの首都直下型地震が起きる確率は、今後30年以内に70％である」との試算結果を公表しています。

この予測はプレート説に依拠した周期説です。プレートは等速で移動するとされているので、境界面に蓄積されるひずみエネルギーが一定の速度で増加するため、巨大地震には周期性があると言われています。

このため、「大地震は周期的に起きる」と信じている地震学者が多いようですが、**どこかの海域で地震は繰り返し発生しており、「前の地震から何年経っているので警戒が必要**

だ」という考えは間違っていると思います。

実際、周期説は21世紀初めの米国で否定的な結論が出ています。

米コロンビア大学の研究グループは1970年代、周期説に基づき場所や規模、危険度などの詳細情報を盛り込んだ地震予測を発表していました。

この予測に記された世界125か所の地震について、**米カリフォルニア大学ロサンゼルス校のカガン氏らは約20年かけてその結果を検証したところ、「大きな地震が集中して起きるとされた場所とそうでない場所において実際に起きた地震の数に差が見られず、周期説による予測は統計学的に有意でない」と結論づけた論文を2003年に発表**しました。


先ほどの地震調査委員会の長期評価は、首都圏内で起きた過去の大地震の間隔から割り出したものですが、安政江戸地震（1855年）は駿河トラフで発生しているのに対し、関東大震災（1923年）は相模トラフで起きています。

安政江戸地震と関東大震災、この2つの地震はまったく違った場所で起きた地震であることから、周期性を議論すること自体がナンセンスでしょう。

この試算は、東日本大震災後のプレート活動の変化などから独自にはじき出したもののようですが、はっきり言って信憑性が低いと言わざるを得ません。

首都圏の地震で注目すべきは、伊豆諸島（ほぼ直線で約１７００㎞続く火山諸島）の動きです。首都圏の地震はＭＪルートでやってくる熱エネルギーで引き起こされるからです。しばしば火山が噴火するので、地下が熱く、ところどころに約１０００度の溶けたマグマがあるようです。

伊豆諸島の活火山群の土台は、東西幅が２５０㎞ほどある伊豆海嶺と呼ばれる海底から盛り上がった山脈です。


火山帯の地下の様子を説明しましょう。

陸の八ヶ岳、富士山、伊豆半島から、南の海底の火山までの地下は、上が花崗岩層、次にやや熱い岩層が続き、下が弾力性のある玄武岩に似た岩石層が重なっていて、**陸と海の地下の仕組みが同じであることが地震探査の調査でわかっています。「陸のプレートと海のプレートは、生まれも育ちも違う」**というプレート説の前提が誤っていることの証左です。

伊豆諸島の活火山群の活動周期は、1900年以後のデータから、約40年であることがわかっています。それより弱い活動は、十数年の周期で起こっています。

東日本大震災以降、富士山の噴火が懸念されていますが、私は当面心配ないと考えています。

富士山の噴火はマグマのうねりで発生すると言われる低周波地震や噴気と呼ばれる火山ガスの噴出がきっかけになるようですが、現在までこのような兆候がないからです。

関東地域の危険地域はどこでしょうか。

地震がよく発生しているのは、狭山地方から東京湾北部に延びるルートです。最短で十数年おきにマグニチュード6～7クラスの地震が起きています。

江戸時代には、慶安地震や安政江戸地震など、マグニチュード7クラスの大地震が発生しました。安政江戸地震では死者約4000人、倒壊家屋約1万戸の被害が出たそうです。

狭山地方から東京湾北部に延びるルートは地震発生が多い地域であることから、埼玉県と東京都を略して「埼都地震帯」と呼んでいます。首都圏で起きる地震は、多くの人々が生活する都心の真下で起きることから、被害が甚大になる可能性が高いと言わざるを得ません。

特に被害が大きいと考えられるのは、東京都北岸・千葉県中央部・千葉県東方沖を結ぶルートです。

1987年に発生した千葉県東方沖地震（マグニチュード6・7）では、死者は2人と少なかったものの、損壊家屋6万3000戸超、崖崩れ385か所、道路の損壊1565か所の被害が出ました。

戦前では、1931年に西埼玉地震（マグニチュード6・9）が発生しました。揺れが強かった地域では、至るところに地面の亀裂が生じ、液状化による地下水や土砂の噴出、井戸水の濁りなどが起きました。被害は埼玉県内で16人が死亡、負傷者146人、家屋被害は全壊206戸、半壊286戸とする資料もあるようです。

富士火山帯の東縁の伊豆半島近辺も危ない

伊豆半島近辺も、1923年に関東大震災を引き起こした富士火山帯の東縁に位置するので、要注意な地域です。1978年に伊豆半島近海地震（マグニチュード7・0）が起きています。

戦前では、1930年に起きた北伊豆地震（マグニチュード7・3）が甚大な被害をもたらしました。震度7の激しい揺れが、掘削中のトンネルを塞いでしまうほどの大地震でした。1923年の関東大震災から7年経っても、マグマの勢いは強く、伊豆半島北部では地面が盛り上がり続けていたのです。

伊豆から相模地域にかけての地震は「震源が浅い」という特徴があります。地下でマグマの勢いが強くなるたびに浅い裂け目ができるからです。

改めて関東地方の危険地域をまとめてみましょう。

静岡と神奈川の県境（伊豆・相模地域）、神奈川県中部、多摩川沿い、埼都地震帯（南埼玉・東東京・千葉中央）、利根川沿いなどにマグニチュード5クラスの大きな地震が集中しています。

約30〜50年の周期で熱が移送され、富士火山帯の地下を温め、地面を隆起させることで関東地方の地塊が動くと地震が発生します。十数年周期の小規模な地震も同じメカニズムで発生します。

首都圏で危いのはどこか?

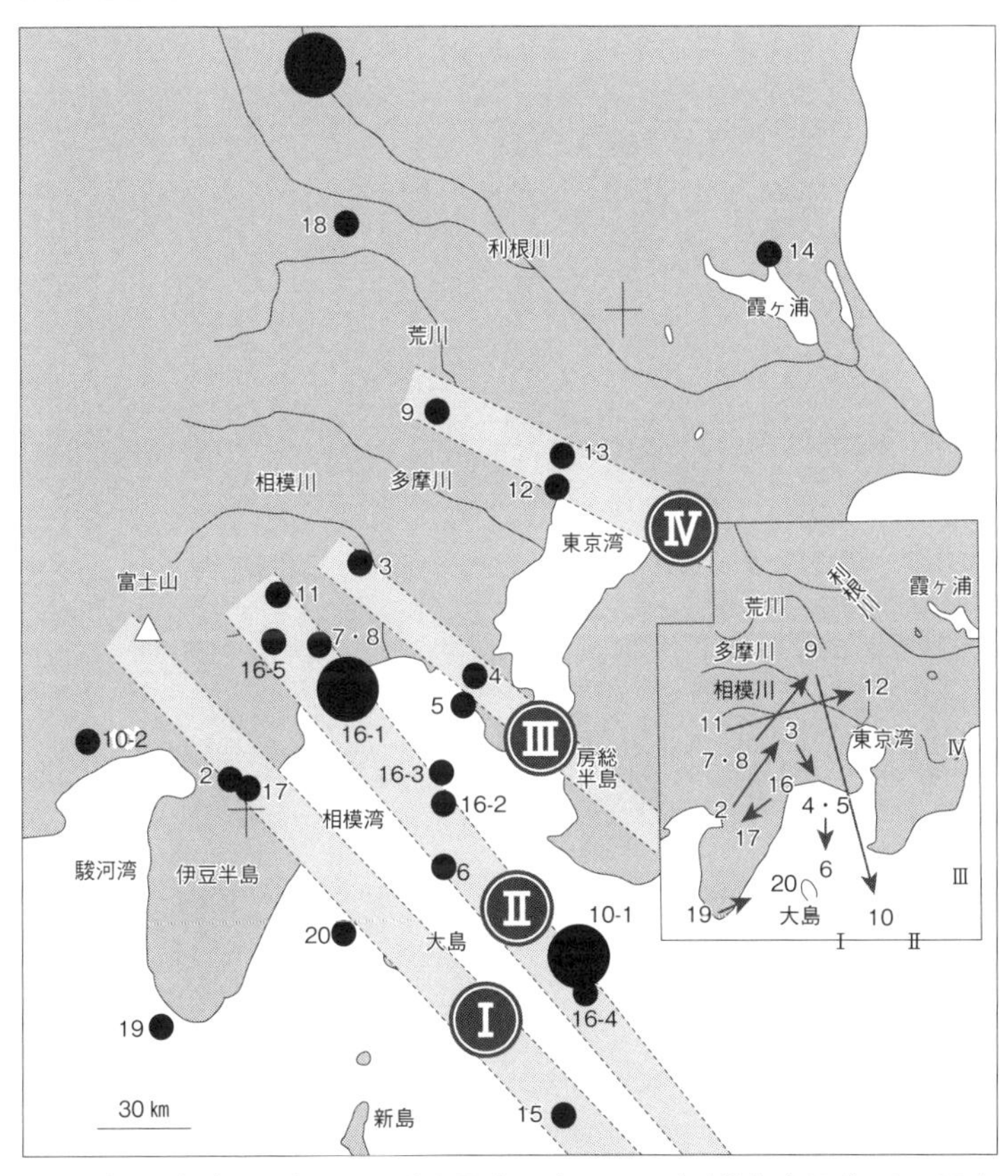

1：818年北関東（M≧7.5）　2：841年丹那（M7.0）　3：878年南関東（M7.4）　4：1257年鎌倉（M7.3）　5：1293年鎌倉（M7.5）　6：1433年南関東（M7.0）　7：1633年小田原（M7.0）　8：1648年神奈川（M7.0）　9：1649年狭山（M7.0）　10-1：1703年元禄（M8.2）　10-2：1707年芝川（M7.0）　11：1782年相模・武蔵（M7.0）　12：1855年江戸（M6.9）　13：1894年東京（M7.0）　14：1895年南茨木（M7.2）　15：1916年房総沖（M7.0）　16-1：1923年関東（M7.9）　16-2：1923年相模湾（M7.2）　16-3：1923年相模湾（M7.3）　16-4：1923年房総沖（M7.3）　16-5：1924年丹沢（M7.3）　17：1930年北伊豆（M7.3）　18：1931年西埼玉（M6.9）　19：1974年伊豆半島沖（M6.9）　20：1978年伊豆近海（M7.0）

西日本における要注意地域

次に西日本について見てみましょう。

西日本には、３つの熱移送ルートがあると考えています。３つのルートとは、①日本海沿岸地域、②瀬戸内海地域、③南海トラフ（太平洋沿岸地域）です。

１９９５年の阪神淡路大震災の発生メカニズムは、和歌山市と神戸・淡路島の間には、石板状に区切られた地震発生層のブロックがあります。

このブロックはブヨブヨな無地震層の上に載っているので、和歌山市でブロックが熱エネルギーで押し上げられ、反対側にある神戸・淡路島のブロックが急激に下がり、神戸側の岩盤が引きちぎられるように裂けたのです。こうして阪神淡路大震災が起きました。

阪神淡路大震災の前年に起きた１９９４年5月の滋賀県中部地震から裂け始め、その裂け目は明石海峡方面に延び、最後に最大の破壊が起きてしまいました。

中国・近畿地方で、今後地震が発生しやすい地域をまとめてみましょう。

西日本で危いのはどこか?

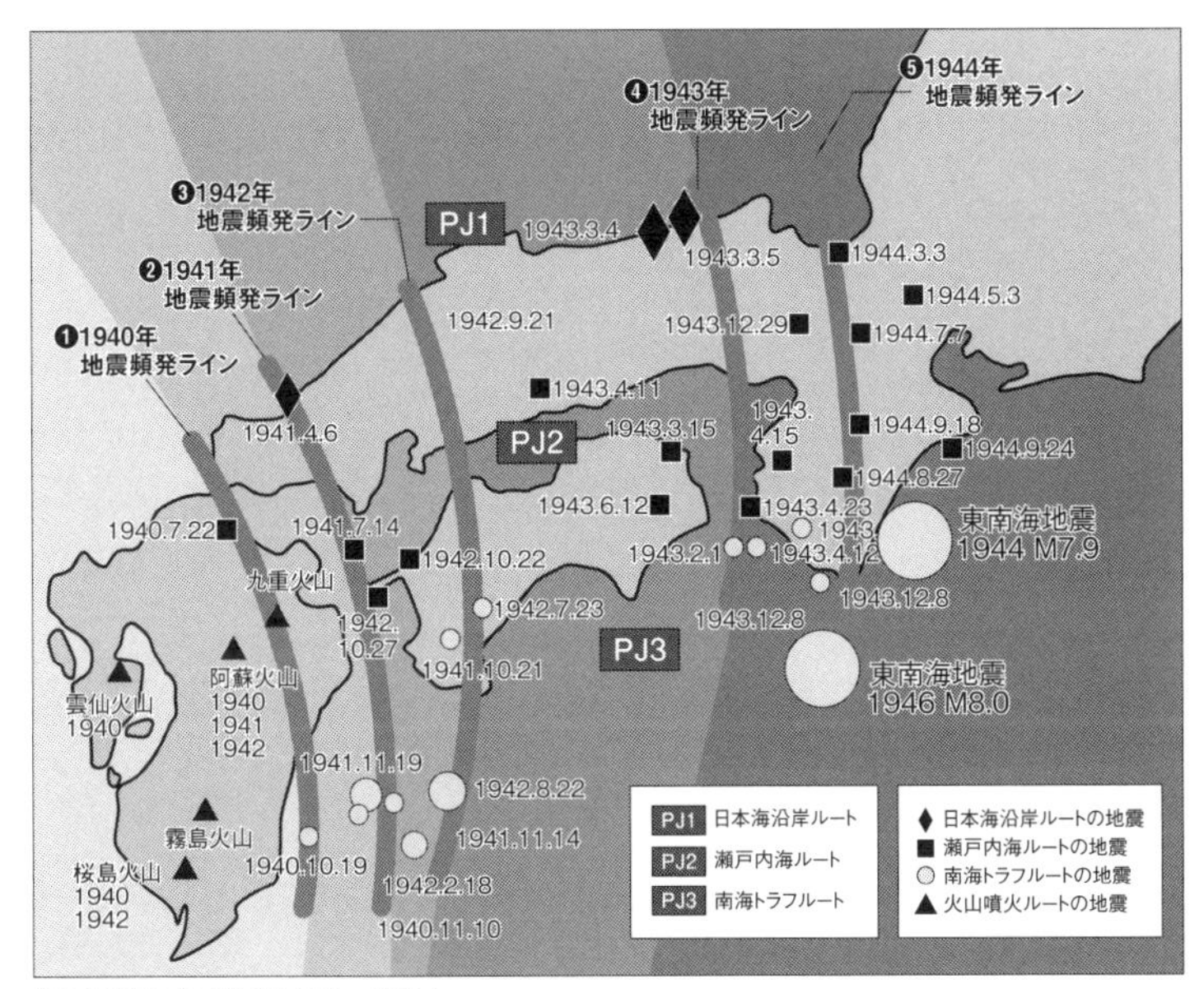

地震続発ラインは西から東へ移動し、
それが30～50年周期で繰り返される。

地震頻発ラインは西から東へ移動し、それが30～50年周期で繰り返されている。

この地域でも30～50年の周期でマグニチュード6～7クラスの地震が起きています。阪神淡路大震災は１９９５年です。**中国・近畿地方で次のマグニチュード7クラスの地震が起きる目安は、２０２５年から２０４０年あたり**だと予想できます。

ブヨブヨな無地震層の上に載っている大山（だいせん）火山帯の周りは、非常に地震が起きやすい場所です。

大山火山帯はほとんどが死火山（１００万年以上活動が見られない火山）ですから、噴火する可能性は極めて低いのですが、地下は熱くなっているのです。中国地方の地下の浅いところに高温帯が存在しているからでしょう。

西日本では「地塊」の境界線に沿って地震が起きていることが特徴です。少し　地塊について説明しましょう。

私は長年、関東甲信越地域を中心に山や丘陵をくまなく歩いてきました。そのフィールドワークで、地震を発生させる岩石層は、断層で切られ、多くのブロックになっていることがわかりました。

300万〜100万年前の地塊境界部に集まるM6〜7クラスの被害地震

（角田、1997年）

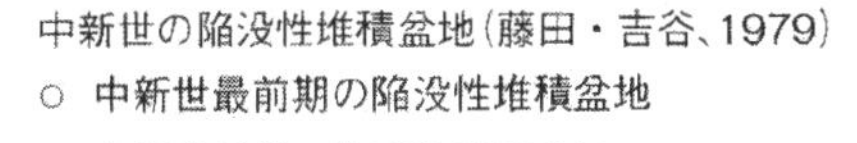

（角田、吉谷、1979年；Mogi, K.、1967年；藤田、1970年；宇佐美、1975年に基づいて作成）

地震の発生地点を線で結ぶと、岩層片の切れ目の面になります。この岩層片が「地塊」と呼ばれ、日本列島にはこのようなブロックがいくつも存在し、お互いに接しています。

1970年、地質学者の藤田至則氏は「1600万年前に少なくとも4回の変動があって、これらの地塊がつくられた」と指摘しました。

地塊の提唱者である藤田氏が講義の際に使用していた「地塊の全国分布図」の上に、1825年以降に発生したマグニチュード6～7クラスの地震をプロットしてみると、特に西日本で、被害の大きな地震は見事に各地塊の縁や境界部に位置していることがわかりました。

熱が移送されるとその上に載っている地塊は揺れ動きます。その下の岩石層は、割れる前に曲がってしまうような、ブヨブヨした不安定なものです。この上に載るブロックは、常に動いて、境界がズレて地震を発生させます。このため地塊の端で地震が起きやすくなるのです。

普段は目立たない地下の地塊の境界が、マグマの活動などで再び動き、大きな地震を引き起こすのです。

最初の押し上げが強ければ、地塊同士が押し合いへし合いしているので、隣の地塊にも揺れが波及することもあります。

マグマの活動で膨れ上がった大地にできた亀の甲羅のような割れ目は300万年前にできてから現在に至るまで変わっておらず、今も開いたままです。

これらのブロックの境界の位置は変わらないので、境界の場所を知っていれば、地震の発生場所がわかるのです。

地質学者である私は、**地質や地塊は地域ごとに大きく異なるのが当たり前**だと思っています。しかし、**地塊を地震に関連させる地質学者は少なく、地震学者でそうした発想をする人は皆無に等しい**と思います。

九州や北陸、東北における要注意地域

九州にはＰＪルートの熱が到達します。このため、霧島火山帯の動きに注目することが大事です。

霧島火山帯は、九州中南部の霧島を北端として南西に延びており、霧島山、桜島、鬼界

カルデラ、口永良部（くちのえらぶ）、諏訪瀬などの火山が連なっています。阿蘇山をはじめ島原・阿蘇・九重などの火山が連なるのは大山火山帯です。

２０１６年の熊本地震は松代地震と同様、典型的な火山性地震でした。熊本地震の発生地域は火山に取り囲まれた温泉地帯という点でも、ほかの九州の地震と同様です。

九州中央部では１５００万年前にマグマが大地をカマボコ状に押し上げました。その後、地面を支えていたマグマが抜けると地面は沈み、そこにできた大地の凹みが「別府-島原地溝」です。この地溝に南から熱が移送されました。

２０１４年と２０１５年に鹿児島県の口永良部火山が噴火し、桜島や雲仙岳、阿蘇山の噴火が続き、最後に熊本で大地震を引き起こしたのです。

ＰＪルート上にある台湾で大地震が頻発していることから、今後、九州地方で大地震が起きる可能性があると思います。

日本には７つの火山帯がありますが、そのうち２つが存在する九州では地震の備えが常に必要だと思います。

次に北陸・中越地方について説明します。

熱の移送は、ＰＪルートである日本海沿岸のルートを通って若狭湾を回り込むように東へ延びています。

１９９５年の阪神淡路大震災の後、１９９８年8月から１９９９年1月まで、長野県と岐阜県をまたぐ焼岳で火山性群発地震が起きました。

明治時代の地震学者・大森房吉は、長野県から新潟県に流れる信濃川沿いで大地震が多いことに注目し、そこを「信濃川地震帯」と命名しています。

私は２０１４年9月27日の御嶽山噴火後に「信濃川地震帯でマグニチュード6〜7クラスの地震が今後数か月以内に発生する」と予測したところ、２０１４年11月22日に信濃川地震帯内の長野県北部の白馬村でマグニチュード６・７の地震が発生しました。

浅間山の噴火にも注目すべきです。

２００４年9月の中規模な噴火の1か月後の10月23日に新潟県中越地震（マグニチュード６・８）が起きています。

中越地震ではマグニチュード6クラスの地震が4回も続けて起こりました。膨大な熱エネルギーを持っている火山性地震の特徴です。２００７年3月には能登半島沖でマグニチュード6・9の地震も起きています。

東京大学名誉教授の宇佐美龍夫氏によれば、北陸・新潟地域では十数年ごとに被害を伴う浅発地震が発生していることを指摘しています。

北陸・中越地方を通り過ぎた熱エネルギーは東北地方に到達します。

2008年6月に岩手県内陸南部地震（マグニチュード7・2）が発生しました。震源は鳥海・那須火山帯（奥羽山脈）のほぼ真ん中にある栗駒山でした。

岩手県内陸南部地震の後も、東北地方の太平洋沿岸地域でマグニチュード6～7クラスの地震が次々と起こっていました。

2008年7月に福島県沖でマグニチュード6・9の地震、岩手県沿岸北部でマグニチュード6・8の地震、同年9月には十勝沖でマグニチュード7・1の地震が起きました。

私は2009年頃から「東北地方の太平洋沖に膨大な熱エネルギーがたまっているのではないか」と危惧していましたが、その悪い予感は、2011年3月の東日本大震災の発生という形で現実のものになりました。

東北地方では1896年にも明治三陸地震（マグニチュード8・2～8・5）と陸羽地震（マグニチュード7・2）が起きています。

東北地方では太平洋沿岸と内陸で連動して大地震が起きる傾向があります。

私は「その周期は約30～50年間隔だ」と考えています。

以上が、私が考える日本各地の「地震の癖」です。

私は**日本に到達する熱エネルギーが各地に移送される際に地震や火山噴火が起きる**と考えていますが、先述した通り、このような発想を共有する地震学者は皆無に等しいのが現状です。

地震発生という非常に複雑な非線形現象（数学的な解析が困難なため予測がしづらい現象）を予知することは困難ですが、**「熱エネルギーの移送で地震が起きる」という視点で見ていけば、数か月後の地震発生を予測できる可能性は高い**と考えています。

次章では、現段階で実行可能な地震対策のあり方について述べてみたいと思います。

第4章

日本の防災対策を抜本的に見直せ

プレート説に依拠した地震予知

プレート説を基本理念として本格的に地震の予知事業が開始されたことは、今から振り返れば、日本にとって大きな不幸でした。

1968年の十勝沖（現在は青森県東方沖）地震（マグニチュード7・9）をきっかけに、その翌年に「地震予知連絡会」が発足しました。

地震予知連絡会とは、国土地理院に事務局を置き、地震の情報を集めて観測の強化などを行って、学術的な判断を下す組織です。

観測強化地域として、東海沖と南関東の2つの地域が選ばれました。東海沖と言えば、誰もが思い浮かべるのが「東海地震」です。

東海地震説が発表されたのは1976年8月。前にも述べた小松左京氏の『日本沈没』がベストセラーとなり、映画化やテレビドラマ化されてからまもなくのことでした。

東京大学理学部助手だった石橋克彦氏が、のちに東海地震と呼ばれるようになる「駿河湾地震説」を発表したのです。

駿河湾や遠州灘を震源とする東海地震が過去１００〜１５０年間隔で繰り返されてきた事実がこの説の根底にあります。

１９４４年の昭和東南海地震が起きた領域には駿河湾が含まれていなかったのですが、石橋氏は大学院生が持ってきた古文書に「１８５４年の安政東南海地震で駿河湾沿岸にも地震による隆起があった」と書いてあったことに気づき、「割れ残った駿河湾で巨大地震が起きるのでは」と考えたのです。

石橋氏の主張は仮説の域を出ないにもかかわらず、これが発表されると、「明日起きても不思議ではない」とばかりにマスコミを通じて日本中に広まりました。

地震は「伊豆半島沖地震」や「北海道南西地震」のように、発生した地域を冠して命名されるのが通例ですが、まだ起きてもいないのに命名された地震は「東海地震」が初めてです。このような例は2度と出てこないのかもしれません。

当初、国は対策を講じることに慎重でしたが、１９７８年1月に伊豆大島近海地震が起きると立場を一転させ、東海地震対策のための法律の策定に舵を切りました。その法律の名は「大規模地震対策特別措置法（大震法）」です。

大震法は1978年に施行され、東海地震に関する予知体制が構築されました。東海地震発生の直前（3日以内）に顕著な前兆現象が起きると想定されたからです。

前兆現象とは、プレート境界で発生する「前兆すべり（プレスリップ）」のことです。前兆すべりとは「地震発生直前に普段は固着している震源域（アスペリティ）の一部がゆっくりすべり始める」現象のことです。

岩石試料を用いた室内実験で捉えられており、理論的には観測可能な前兆すべりが起こる場合があると考えられていました。

気象庁が東海地方の前兆すべりを常時モニターして異常現象を察知すれば、研究者6人からなる判定会が招集されます。判定会が「大地震の前触れである」と判断すれば、気象庁長官は総理大臣に警戒宣言を出すことを促し、閣議決定を経て正式決定される仕組みが構築されました。

東海地震予知のために毎年100億円規模の予算が投じられるようになり、総額で3000億円を超えたと言われています。

地震発生直前には普段は固着している震源域の一部がゆっくりすべり始める前兆現象が

あるというのですが、私はそもそも前兆すべりのような現象はないのではないかと疑っています。

東日本大震災は、想定されていた東海地震の30倍以上のエネルギーを持った超巨大地震だったのにもかかわらず、予知に結びつくとされている前兆すべりは観測されていないのです。阪神淡路大震災以降に東北地域で整備されたＧＰＳ観測網も無力だったのです。

幸いなことに、あれから40年以上が経ちましたが、東海地震が起きる兆しはまったくありません。

地震予知連絡会は「海洋プレートが大陸プレートに沈み込むときに生じるひずみは、エネルギーとしていつ解放されるかわからない」などと釈明を繰り返すばかりです。

地震の発生原因がプレートの移動ではないのですから、プレート説どおりに地震が起きないのは当然だと私は考えています。

問題は、東海以外の地域で大規模な地震が連続して起きていることです。

阪神淡路大震災から今年の能登半島沖地震に至るまで、震度7を記録した地震はすべてプレート境界面以外のところで起きています。

予知研究を行っているのは日本だけ

「地震予知の名目で研究費が出ているのは世界中で日本だけだ」との指摘があります。

1964年6月に発生した新潟地震（マグニチュード7・5）をきっかけに「やはり予知研究は必要だ」という気運が高まり、1965〜68年度にかけて第1次地震予知研究計画が実施されました。

当時は地震予知に関する研究がメインで、地震学者は100万円単位の予算を使って純粋に基礎研究に打ち込んでいました。

しかし、いかんせん地震の予知が研究テーマでは、十分な資金は確保できません。頭を悩ませる地震学者に救いの手を差し伸べたのは中曽根康弘氏でした。当時、中曽根氏は運輸大臣（現・国土交通大臣）で、「予知の『研究』ではなく、予知の『実施』だと言えば、1000万円以上の高額な予算配分が可能になる」と助言したのです。

地震学者はこの助言に飛びつきました。中曽根氏の進言に従い、第2次以降は「研究」という2文字がはずされ、「地震予知実施計画」となりました。

「この観測事業を実施すれば、地震予知の可能性が見出せる」「この観測を地震予知に役立てる」などと謳えば、計画の中身が精査されることなく、高額の予算が充当されるようになったのです。

その結果、地震学者が従来望めなかった観測施設も建設することができました。

関係者の1人は次のように証言しています。

「地震学は予知のためと予算の申請書に書くと、他の分野の研究に比べて格段に額が大きい予算が出ました。実際にはあまり予知に関係していなくても、予算が通りやすかったのは事実です。今は予知ではなく、防災のためというとお金が取りやすい傾向にあります。地震学者は皆そうやっています」

地震学者は「たとえ成果が見込めなくても純粋に研究を継続していきたい」という思いだったのかもしれませんが、自らの研究基盤を盤石なものにすることに気を取られ、政治との距離をあまりにも気にしなかった感は否めません。

転機となった阪神淡路大震災

東海地震の予知を前提とした大震法の体制を大きく揺るがせたのは、1995年1月に起きた阪神淡路大震災です。「関西地域で大地震が起きるのではないか」との警告は一部には出ていましたが、東海地震にウェイトを置きすぎていたため、ほとんど対策がなされていませんでした。

阪神淡路大震災の反省を踏まえ、「地震発生の長期的な予測」を行うことになりました。いわゆる「長期評価」です。

この長期評価は、「いつ」を予測できないために導入されました。つまり、地震予知の要素のうち、そのほかの2つ、つまり「どこで」と「どのくらいの大きさ」についてはある程度わかっていることを前提にしています。

長期評価は「全国地震動予測地図」として公表され、毎年更新されています。作成しているのは文部科学省所管の地震調査研究推進本部（地震本部）傘下の地震調査委員会です。

この地図は長期評価を基に、日本地図で大きな地震の揺れに襲われる可能性が高いところを色分けしたハザードマップとして活用されています。

これを見ると、南海トラフ沿いの地域は真っ赤に塗りつぶされて、危険であることが強調されていることがわかります。

このことは「次の地震は南海トラフ地震だ」との誤解を生み出し、防災対策を南海トラフ沿いの地域に集中させる根拠になっています。大地震発生の危険は日本列島にまんべんなくあるのにもかかわらずに、です。

南海トラフ地震が安全だと主張するつもりはありませんが、私は他に想定される地震より危険だとは考えていません。南海トラフ地震の危険性ばかりが強調されるのはいかがなものかと思っています。

実際、その弊害はすでに出ています。

現実の地震は、ハザードマップで「発生確率が低い」とされているところばかりで起きているからです。

熊本地震の本震を起こした布田川（ふたがわ）断層帯の30年確率は「ほぼ0〜0・9％」だったことから、熊本県はホームページで「過去120年間マグニチュード7以上の地震は発生していない」と地震災害が少なく安全なことをPRし、企業誘致をしていました。

熊本だけでなく、北海道地震で被害を受けた札幌市や苫小牧市も同様に企業誘致のために長期評価を使っていました。

能登半島地震が起きた石川県もそうでした。

このような批判に対し、地震調査委員会は「地図の脚注に次の点が述べられていることに留意してほしい」と弁明しています。

地図の付録を見てみると、

①太平洋側が高いのは日本周辺の太平洋側には千島海溝、日本海溝、南海トラフと言った海溝型地震を起こす陸と海のプレート境界があるためです。

②確率が低いからと言って安全とは限りません。

③地震動予測図には不確実さが含まれています。

と記載されています。

①はプレート説に依拠した評価であることを示しています。問題なのは②と③です。このような脚注を強調されたら、自治体や一般の人々がこの評価をどのように受け止めたらよいのかわからなくなってしまいます。長期評価自体の価値が問われかねないのではないかと思います。

プレート説に基づく予知が不合理だとわかった以上、大震法や長期評価などはただちに廃止すべきではないでしょうか。

把握が難しい地球内部の動き

繰り返しになりますが、**地震とは地下で発生する岩盤の破壊現象**のことです。岩盤が地下のある面（断層）からズレ始め、ズレはある広がりを持った面全体に広がります。ズレる面積が大きいほど地震の規模は大きくなります。

断層のズレは一瞬で起こるわけではなく、秒速2～3㎞で広がるため、全部がズレるには時間がかかります。

震源というのは、断層がズレ始めた地点のことです。

GPSによる現在進行形の地殻変動の観測やスーパーコンピュータを使った大規模計算によって、**地震学は大きく発展したと言われていますが、同じ自然現象である天気のようにきちんと予測できないのが現状**です。

天気予報と地震予知の最大の違いは、天気予報は大気の流れを計算して将来の大気の状態を予測する物理学の方程式が確立しているのに対し、**地震予知では地震が起きるまでを予測できる方程式が存在しない**ことです。

しかも、大気は世界中の観測地点で気温や湿度を測り、観測気球やレーダーで上空の気象も観測され、気象衛星で天気の変化に密接に関係する雲の状況をリアルタイムで観測できています。

天気予報のベースとなる雲や風の動きについては、いつ、どこで、どのように変化していくのかを衛星画像などで追跡することができ、そのパターン（癖）を読む流体の法則がわかっています。また、各地のモニターから時々刻々と気象データが入ってきて、「癖」の見直しができます。

地震もGPSを利用して大地のミリ単位の動きを観測していますが、地下深くの状況はほとんど観測できていません。

地球表面に設置した電子基準点の動きだけが、地下の情報を予測する唯一の方法だと言ってても過言ではありません。しかし、地震が実際に発生する地下10㎞、20㎞の情報は皆無なのです。

地下の岩盤内の温度やひずみの分布などが三次元的に解析できれば、地震が起きる「場」の様子がわかるでしょうが、このようなデータは限られた地点、しかも地球表面のごく浅い地点でしか把握できないのです。

かつて、医者は胸や腹をポンポンと叩く打診をして病気を診断していましたが、「現在の地震学が地球内部の情報を得るための技術は、昔の医者の打診と同レベルだ」との嘆き節が聞こえてきます。

天気予報に使う天気図に相当する面的に広がった図は得ることができない状況では、未来予測ができるはずがないのです。

プレート説に依拠する予知はさらに大きなハンデを抱えています。

東日本大震災は陸から遠い海で起きたように、**プレート境界で発生するとされる巨大地**

震の前兆現象を捉えるのは極めて困難だからです。

前述の松澤氏も「プレート説に基づけば、地震の予知は大変難しいであろうと思われる。なぜなら、陸地から200～300㎞も離れた、数千キロメートルもの深い海底の地盤中で進行する現象を正確に捉えなければならないからだ」と指摘していました。

地震予知の体制を自治体ベースで再構築する

地震予知は極めて困難なことはたしかですが、限られた情報しか得られない実情を踏まえ、地震予知のターゲットを内陸直下で起きるマグニチュード7クラスの地震に絞り、そのための研究を重点的に進めていくべきだと私は考えています。

地震過程のエネルギー収支がきちんと合っていなければ理論として成り立ちません。科学の大原則である「エネルギー保存則」に反するからです。

プレート説ではエネルギーがどこから生まれたのかが不明で、エネルギー収支の計算ができません。しかし、熱移送説であればそれが可能です。

1回の地震の発生に必要な熱量が移送されると、「温度上昇→岩盤中に含まれる水の液体圧上昇→岩盤全体の体積膨張→高温体が大きく膨らむことで岩石が変形・破壊」という過程が進行するので、それぞれの過程でエネルギー収支を計算できます。**地震の「起承転結」におけるエネルギー収支が合っていれば、その理論は地震を正しく説明できていることになります。**

このような理由から、私は地域ベースで地震の予知を進めるべきだと考えています。1995年の阪神淡路大震災以降に整備された観測網を活用した地震予知の可能性を信じているからです。

阪神大震災発生の際、直後に被害状況が迅速に把握できなかったという反省を踏まえ、総務省の支援で市町村に次々と震度計が設置されました。震災当時、全国に158地点しかなかった震度観測点は、一気に4123地点にまで増えました。

大学・気象庁などの既設の地震観測網以外に、文部科学省所管の防災科学研究所も独自の地震観測網を構築しました。強震計を約1000か所に設置し、微弱な揺れを検知する高感度地震計も約750か所に配備したのです。

このように、1990年代後半から全国ベースで統一された仕様に基づき、リアルタイムで地震現象の解析が行われるようになったのです。

私はこの観測網がもたらすデータを自治体にも解放すべきだと思っています。

日本では、地震が毎日どこかで起こっています。日本列島の下にあるブヨブヨで不安定な無地震層が絶えず動いているからです。

各自治体が身近に起きている地震の動きを専門家の助けを借りて解析を進めれば、地震の予知にとって有意義なデータが得られると確信しています。

地域の「揺れの癖」を知る

いたずらに「超巨大地震が起こる」と連呼するよりも、それぞれの自治体で「震度7の揺れに耐える対策」を考えたほうが効果的です。

地震対策は震度7に耐えうる家づくり、街づくりが面的に広がっていけば、おのずと超巨大地震対策になります。

私は埼玉大学の建築学の教授として、長年、この観点からの研究を進めてきましたが、この対策を講じる上で地域の「揺れの癖を」知ることが不可欠です。なぜなら、地震はその1つ1つが異なる動きと暴れ方をするからです。

これからの地震対策は、「大地震の発生場所とその時期についてある程度の見当を付けた上で、それに応じた対策を講じる」という段階にステージアップすべきです。

いくら「防災！」と息巻いても、自然の力はいつも人間の力を上回ります。そこで私は発想を変えて、「地震の被害を防ぐことはできないが、軽くすることはできる」と考えるようになりました。

地震の被害を効果的に防いだり、減らしたりするためには、地震の癖とともに地域の「揺れ癖」も把握しないといけません。それなしでは、有効な減災対策を立てることはできないからです。

地震の揺れ方による被害は大きく3つに分けられます。

1つ目は、阪神淡路大震災に代表される「ドスン揺れ」による被害です。ドスン揺れというのは、いきなり突き上げてきて、その上にある人や建物などを突き飛ばしてしまうのが特徴です。

ドスン揺れでは建物は壊れますが、地盤はそれほど破壊されません。内陸型地震の被害の大半がこれに該当します。

2つ目は、振れ幅の大きな「ユサユサ揺れ」による液状化です。ユサユサ揺れでは建物も地盤も壊れます。特に超巨大地震のユサユサ揺れは極めて大きく、地下深くの地盤や断層をズリ動かします。

3つ目は、家も土地もすべてをさらっていく津波です。

首都圏では、関東大震災の際に津波の被害があったことはあまり知られていません。

日本の地震対策で最も問題なのは、ドスン揺れの対策が進んでいないことです。

建物自体は横の大揺れに強くなりましたが、力の集まる部分をつくる骨組みの材料は捻じれに弱いという欠点を抱えています。

これでは「地震で壊れない建物をつくる」という防災対策の基本が看板倒れだと言われても仕方がないでしょう。

ドスン揺れの破壊力のすごさを関東大震災を例に説明します。1923年の関東大震災の震源から30㎞ほどの足柄地域を襲ったドスン揺れは、20度ぐらいの角度で突き上げてきて、あたりの山々の土砂が跳ね飛ばされたそうです。御殿場線を走っていた蒸気機関車を何両も横倒しにしました。

関東大震災のドスン揺れは、遠くへ進むにつれて水平になりました。80㎞北の埼玉県川越市でも、頑丈で重い連光寺の本堂をねじ曲げたほどの力を持っていました。

昔から、家がバタバタとつぶれていく一直線に延びるゾーンを「地震の通り道」（以下、地震道）と言いますが、阪神淡路大震災の時の神戸の地震動では、突き上げてきたドスン揺れで多くのビルの1階がつぶされました。こうしたビルのほとんどは柱と壁が少ない店舗や駐車場、駐輪場でした。

ドスン揺れはまず、地面とビルとを跳ね上げます。硬い地面とそこにくっついているビルの土台はすぐに元の位置へ戻ろうとしますが、それより軟らかいビルの1階の柱や天井は、まだ上がろうとします。これにより、鉄筋コンクリート製の柱は上下に引っ張られます。

「押し」には強い柱も引っ張りには弱いため、水飴のように伸びて引きちぎられます。引きちぎられなくても弱くなった柱にビルの上部を支える力はありません。上のビル本体の重さを分散して支える壁が少なかったので、1階はぺちゃんこになってしまったのです。

高速道路を倒したのもドスン揺れ

阪神淡路大震災で高速道路が倒れたのもドスン揺れのせいです。

大地震で倒された高速道路は、化石谷（かせきこく）（古い河川によって侵食されて形成された谷が、その後の新しい堆積物によって埋められたところ）の上に建てられていました。5万~6万年前の最後の氷河期時代の神戸は、海の水が凍って海面が今より低くなっていましたが、そこを流れる川がさらに地面を掘り下げて谷をつくりました。その後、温暖な縄文時代を迎え、海面が再び上昇し、谷は海に沈んで、砂層などに埋め立てられた化石谷ができていたのです。

阪神淡路大震災で倒された高速道路は、こうした化石谷の上に建てられていたので、橋全体を支える橋脚は硬い地盤でできた「昔の崖」に打ち込まれましたが、支持脚ではない橋脚は、谷を埋めた軟らかい地盤に差し込まれていただけだったようです。

このことが災いしました。ドスン揺れが化石谷と高速道路を襲った時、硬い地盤から支持脚に伝わった力は、そのままの勢いで橋桁との付け根に突っ込んだようです。そこがひどく壊されて、支持脚も被害を受けて、耐震力が一気に失われました。

しかし、軟らかい地盤に刺さっただけの脚の付け根は、それほどの破壊を受けなかったのにもかかわらず、数分後に高速道路は傾き始めました。

この一部始終を見ていた2人の目撃者は「橋は大揺れすることなく、静かに山側に倒れ

高速道が倒れた順序

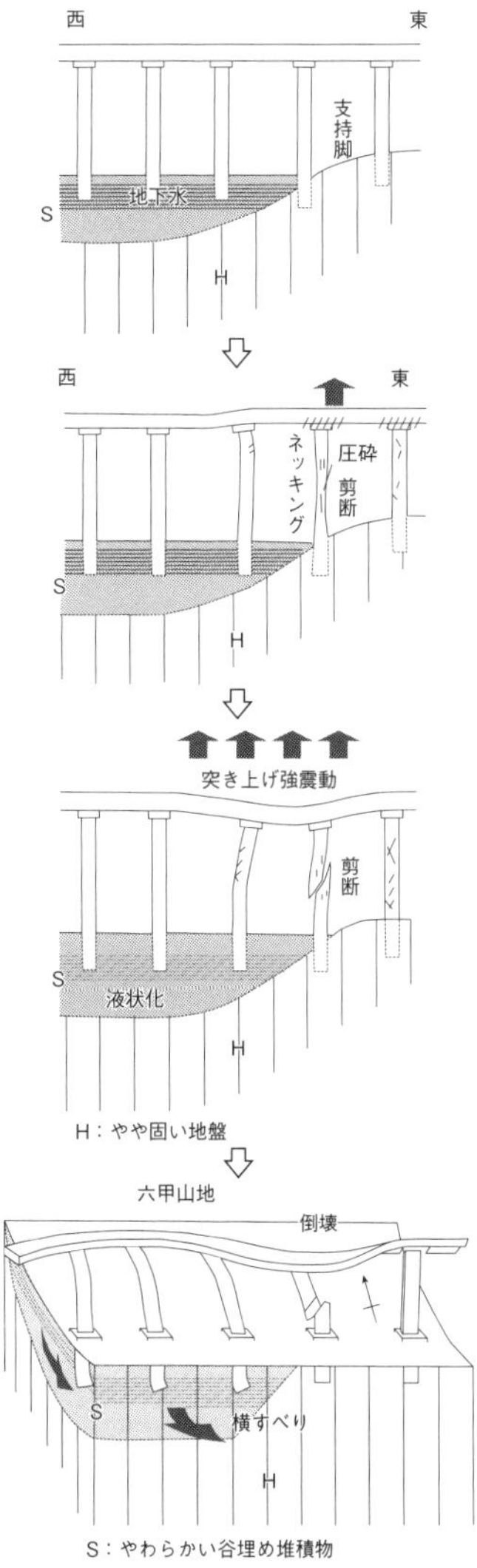

た」と証言しています。

このことから、地下の軟弱層で液状化が起きてしまったことがわかります。液状化した軟弱地盤が海側へ移動すれば、高速道路は「足をすくわれて」山側へ液状化層と同じ速度でゆっくり倒れたのでしょう。

ユサユサ揺れで二重のダメージ

残念ながら、首都圏の高速道路も同様の状況にあります。首都圏にも河川が海や湖に流入するあたり（河口）に化石谷があることが多いのです。そこにかかる橋などの脚や基礎部分が、東日本大震災で被害を受けているかどうか丁寧に点検すべきでしょうが、あまり行われていないようです。


断層沿いの深部での地震の横滑りも油断できません。

現状では神戸の高速道路のように、化石谷にかかっている鉄橋や道路橋などはドスン揺れで橋脚と橋桁とのつなぎ目がやられた後に、ユサユサ揺れで捻じられます。その上、液状化した谷を埋める軟弱な地層が滑り落ちるので、橋脚は足払いを受けて傾いたり、倒れたりするでしょう。

二重のダメージは被害を大きくします。横揺れには強いものの、強烈な縦揺れに弱いのが、建物やライフライン、交通システムなどの特徴です。

こうした弱点を克服すれば、日本の建築物の信頼性はさらに高まります。

トンネルも問題を抱えています。

トンネルでは、ひび割れ程度の小さな割れ目がズレ動いて大きくなり、壁をはがして落とす危険性があります。

また、斜面から落ちてきた土砂や岩塊などで、出入り口が塞がれる可能性もあります。そのせいで自動車や電車の走行が邪魔されます。

トンネルの出入り口あたりから20m以上の高さの斜面では、揺れ幅が極めて大きくなるので、土砂や岩石が振り飛ばされて土砂崩れが起きると大きな事故につながります。

定期的に地割れや斜面の異常な膨らみなどを調べるとともに、トンネルの補強も欠かせません。

電車の被害を減らす対策も必要です。

強いドスン揺れは、重い列車も一瞬宙に浮かすかもしれないので、脱線が考えられます。

脱線を防ぐためには、①線路への撃力を減らすような仕組みに改良する、②脱線が起こらないような車輪に改造する、③脱線後に列車が横倒しにならないような防護壁をつくる、などの方法で被害を減らすべきでしょう。

自動車運転の際の被害を減らすことも大切です。

運転中の車輪が宙に浮いて急に空回りを始め、その直後に着地した時に、4輪それぞれの回転速度を変えて安定走行ができるようなシステムがあれば、蛇行を最低限に抑えられます。

路面の液状化による横滑りもリスク要因です。路盤中の水をできる限り排水できるような改良を行うのがよいでしょう。

電信線の被害もやっかいです。阪神淡路大震災では、淡路島で野島断層沿いの高圧線が切れたり、鉄塔が倒れたりしました。この断層が動いたために、地面の高さが70～100cmほど食い違ってしまったからです。

そうならないようにするためには、高い坂や山の斜面にある電信線は、地盤がズレても切れないように改良すべきです。

地下に埋めてある電信線についても、地盤のズレが想定を超えたときに事故が起きる可能性があるので、地盤のズレに関係する点検が必要です。

地域の特性に即した対策を

読者にとって最大の関心事は、市街地での被害をどうやって減らすかでしょう。

場所によって硬さや厚さが大きく異なる地層で支えられている街には、新旧の家やビルがひしめいています。

ユサユサ揺れは、長く高く重いビルや建物、軟らかい地盤などを大きく揺らします。

一方、ドスン揺れは、屋根の重い家、建物のつなぎ目、硬い地盤などを狙い撃ちにします。

このように被害のあらわれ方は揺れ方でかなり違いますが、最低限、次の3点は押さえておくべきです。

①阪神淡路大震災では、突き上げてきたドスン揺れで、一瞬のうちにパネル壁や看板などが落ちました。この下を人が歩いていたら、ひどい被害に遭います。首都圏でも埼玉都地震帯や多摩川沿い、相模・湘南などのドスン揺れが発生しやすいところでは、いざというときに備えて、商店街やビル所有者たちが共同で、落下物防止のための対策を進めるべきです。

②障害者への配慮も必要です。現在、車いすを利用して街を往来する人が増えています。車いすは、横揺れでひっくり返らない仕組みになっていますが、ドスン揺れに対しては大丈夫になっていません。車いすの縦揺れに対する安全性を高める必要があります。

③被害を完全に防ぐことは不可能ですが、「被害が被害を生まないシステムづくり」は、これからの「地震に強い街づくり」の大きなポイントになるでしょう。その際に最も重要なのは、街の活力を維持するためのエネルギーの確保です。発電所、送電シ

ステム、変電所に加えて、ガソリンや灯油などを運ぶ電車、自動車、線路、道路、橋、トンネル、ライフラインなどの徹底した免震化・減震化・耐震化などが不可欠です。

相模地域では山崩れや土石流に要警戒

ここで、首都圏について地域ごとの留意点を説明しておきましょう。

まず相模地域ですが、北北西の富士山から相模・伊豆を通り、南関東の伊豆大島にかけてのマグマの勢いが強いゾーンで、この地域ではこれまでに山中湖（1891年、マグニチュード6・5）、北伊豆（1930年、マグニチュード7・0）、八丈島近海（1972年、マグニチュード7・0と7・2）、伊豆大島近海（1978年、マグニチュード7・0）、中伊豆（1980年、マグニチュード6・7）、伊豆大島近海（1990年、マグニチュード6・5）などの地震が発生しています。

これらの地域では、まず第一に山崩れや土石流などの発生が心配です。特に20mより高い崖は崩れやすいので危険です。

伊豆大島近海地震の際は、約20ｍの崖の上に埋まっていた2トンほどの巨石が揺れで飛び出して落ち、バスをつぶしました。コンクリート法面（のりめん）の土砂崩れの恐れもあります。

建物の被害も深刻です。

これらの地域の地震では、震源が地下30ｍより浅いものが多く、ドスン揺れの勢いが衰えずに襲ってきます。

その強い撃力で鳥居がちぎられて飛んでいったり、ビルが跳ね飛ばされた後でその1階がつぶれたりします。古い家が「く」の字に折り曲げられたりする被害も想定されます。ドスン揺れで耐震力が落ちた地盤、橋、トンネル、道路、家、ビルなどが、その次に来るユサユサ揺れで壊れる恐れがあります。

湘南地域は津波に要警戒

次に湘南地域の被害ですが、この地域では、元禄地震（1703年、マグニチュード8・

2）と関東大震災（1923年、マグニチュード7・9）という巨大地震が起きています。
いずれも地震の前か後に、鳴動や噴気など富士山の活動が盛んになりました。

元禄地震で発生した津波は、伊豆から東京湾の奥まで襲いました。湘南地域の被害は特にひどく、藤沢で3～4軒、大磯で10軒ほどを除いて、家はすべて流されたそうです。


関東大震災の被害も甚大でした。

鎌倉の町全体の家がつぶされてしまいました。地下からの震度7の突き上げと、上からの屋根の重さで、一瞬のうちに壁や木の柱がつぶされてしまったのです。

空から見るといつものように屋根がきれいに並んで見えたため、地震の様子を見に行った航空隊の兵士が「鎌倉は無事でした」と報告して、後で上官にこっぴどく叱られたという逸話が残っています。

この地域のほとんどで、液状化が発生していました。

相模川下流の鉄橋は地盤の横滑りでグニャグニャに折れ曲がり、伊豆・相模地域は津波に襲われたという被害も出ました。

湘南地域では、厚木から三浦半島にかけての突き上げるようなドスン揺れが心配です。

京浜・京葉地域と埼都地震帯はドスン揺れが狙い撃ち

京浜・京葉地域は震源が深い地震が起こりやすいと考えています。

この地域のビルや家、鉄道、道路、水道をはじめとするライフラインは、互いにくっつき合って、すし詰め状態です。これらの中の古いものと弱いものを地震の揺れは狙い撃ちします。

これをきっかけにして、2次、3次と被害が広がっていくのが、この地域の特徴です。建物などは横の大揺れには強くつくられていますが、ドスン揺れのような、下から斜めに突き上げてくる揺れの備えは万全とは言えません。1987年の千葉県東方沖地震では、千葉県中部で広く、このドスン揺れが起きました。

わが家の地震カルテをつくる

地震の情報はあふれ返っていますが、インターネットでいくら検索しても、「地震で自分の家はどうなるか」、その答えはまず見つからないでしょう。

ここから紹介する心得は、私自身の経験から出てきたわずかな事例ですが、なんらかのお役に立てれば幸いです。

まずお勧めしたいのは、「わが家の地震カルテ」をつくってみることです。

そのポイントは、まずわが家の向きを確かめることです。東西南北の方向が確かめられれば、その中間の北東‐南西方向などがわかります。屋根の長い棟の向きも確かめましょう。

次にやることとは、わが家が揺れた大きな地震（例えば首都圏であれば2011年3月の東日本大震災）の際に生じた瓦の被害や状態を調べます。

被害があったなら、棟の真ん中なのか、東西南北のどこかの端なのかなどを確認します。

落下物・転倒物があれば、どの方角からどの方角に向かって落ちたのかをメモします。

地震後に開閉がスムーズにいかなくなった襖や障子などがあれば、その方向を書き留めておきます。わが家の揺れ方とひずみ方は、次の地震でもほぼ同じになると考えられます。

それがわかったら、最も大きく揺れる向きには倒れやすい家具を置かない、上のほうに重いものを置かないなど、家具などの配置を工夫します。

壁のひび割れ、土台や基礎の破損、梁や柱の曲がりなどを点検することも大切です。ひび割れは家全体の捻じれを示しています。部屋の中の襖やサッシなども開閉しにくくなっているでしょう。

家の周辺もチェックしてみましょう。

家の近くに川があり、田んぼが広がっていれば低地で軟らかい地盤（軟弱地盤）。やや高く、畑が多い台地であれば硬い地盤です。

地面の地割れや波打ち現象があるかどうかをチェックしてください。地割れや波打ちがあれば、地盤が液状化する可能性があると考えられます。

わが家の地震カルテを策定したとしても、個人の場合は費用負担の面でその対策には限界があると思う読者もいるでしょう。

危ない場所に家が建っていたとわかっても、すぐに移転したり改築することは費用がかかることなのでそう簡単にはできません。

実は、安価な方法で家を補強する方法はないかと、実験したことがあります。その実験では、固有の周期の揺れを持つ普通の家に見立てた模型に、それと同じ周期で揺すってみました。すると、揺すったとたんに、模型は急に激しく揺れて、その直後に壊れてしまったのです。このように、家と同じ周期の揺れに襲われれば、家は大揺れして壊れやすくなります。

その対策として柱に添え木をしたり、柱のつなぎ目を補強してわかったことは、水平に襲ってくる「撃力」を受けた家が揺れにくくなるのは、壁のゆがみが少ない場合でした。

そこで、硬質ゴムでできた仕口ダンパーを壁の角につけたところ、もっとも揺れにくいという結果が得られたのです。

ダンパーであれば、建ててから年数たった家でも取り付けが簡単で、費用もあまりかかりません。試してみる価値はあると思います。

「机にもぐれ」には問題あり

わが家の地震対策も重要ですが、子どもたちが多くの時間を過ごす学校での地震対策が手薄なのが心配です。

日本の学校のほとんどで、震度5強より強い揺れが起きた場合の避難マニュアルがないからです。

立っていられない震度5強、振り回されるような震度6、振り飛ばされるような震度7などの揺れでは、机や椅子まで飛ばされます。そのとき、「机にもぐれ」とはとても言えないのです。学校の先生たちも、この事実を認識していない人が大半です。

私は自宅のある埼玉県の学校を回って、対策指導のマニュアルづくりを手伝っているのですが、個人でやれることには限界があります。

建物や施設は地震の被害を受けても、後に直すことはできるかもしれません。しかし人の心、特に子どもの心にはその傷が長く残り、いつまで経ってもなかなか癒えないもので

す。このことを忘れてはいけません。

子どものことを考えれば、**地震が起こったとしても被害が少しでも軽くなるように減災を心がけておくことはもちろん、子どもの心の痛みを長引かせないようにすることも、大人の務めの1つ**だと思います。

では、子どもが学校で地震にあった時、そのためにどのような備えや対応が必要となるのでしょうか。

最も大事なのは、いきなり来る最初の強い揺れに対するイメージトレーニングを事前に行って、いざというときにも、冷静でいられるようにしておくことです。

そのためには大地震が発生した際の具体的な手順を知っておくことが不可欠です。

床が滑りやすい教室では、震度5強ぐらいの揺れが来たら、その瞬間に「机につかまれ」と指示するのが現実的です。しかし震度6以上では、こうした指示を出すこと自体できないかもしれません。

阪神淡路大震災では、強烈な揺れが10〜15秒間続きました。1923年の関東大震災では40〜60秒間続いたと言われています。今度大地震が発生したら、数十秒間はただ身を守っているしかなさそうです。

揺れが収まったからと言っても安心できません。と言うのは、揺れがやや弱まり、多くの生徒が我に返る時からが、パニックが発生しやすい時間帯だからです。

タイミングを見計らって「落ち着け」などと大声で思いっきり叫ぶことが大切です。声かけをしてから、クラス全体の状況を把握するように努めます。

すぐにけが人の有無を調べる。けが人がいたら手当てをしながら、煙やその臭い、コンクリートのひび割れ音などを確かめます。そのどちらもなかったら、「しばらくは、このままで待つ」ように指示を出します。

安全係の先生たちは手分けをしてすばやく構内を見て回り、①火が出ていないか（理科室や家庭科教室、薬品庫など）、②校舎が壊れていないか、③避難路は大丈夫か（特に靴箱、防災扉の誤作動の有無、ガラスの破片など）、④校庭が液状化してうねったり、地割れができていないか、などを確かめます。

そして待機するのか、それとも野外避難するかを決めて、各担任に伝えます。

けが人の手当てをしたり、運んだりしながら、保護者への連絡の手配などをします。

危険物がないかの確認も必要です。

最低限、事前に押さえておきたい点は、①教室の後ろに置いてあるロッカーは、低いものに取り替える、②図書室の本棚の上のほうに置いてある重い本は下に移す、③体操用具室の器具は倒れないように置き直す、④体育館などの舞台の端に置かれたピアノは、使うとき以外は少し奥へ移動しておく、などです。

一斉の避難時には、人数が多いため、曲がり角、防火扉、廊下の交差部、靴箱のあるところ、上にあるひさしが老朽化している出入り口などで、スムーズな避難ができなくなるところがあります。このため、避難ルートはこうしたところを避けて設定するのがいいでしょう。

校庭に出てからも注意が必要です。低地の軟らかい地盤、盛り土、埋め立て、斜面の切り取りなどでできた学校では、強いドスン揺れと、その後に震度5強よりも強い揺れが7～8分以上続くと液状化しやすくなります。このようなことを考慮に入れて、校庭が避難場所にできるかどうかをあらかじめ検討しておくことが重要です。

これまで説明した内容を文部科学省は至急マニュアルにして全国の学校に配布すべきでしょう。

おわりに

日本の地震学

地震の原因については、古代ギリシャ時代からさまざまな説がありました。地下の火山爆発、石炭・石油・硫黄などの可燃性物質の爆発的燃焼、地下空洞の陥落、地下水が熱せられて生じた蒸気圧による岩石の破壊、マグマの急激な運動などです。あまり知られていませんが、世界で最初に地震学会が設立されたのは日本で、1880年のことでした。当時、西欧諸国に先駆け、地震を体系的に研究する学問的枠組みが構築されたことは画期的なことでした。

地震研究に関する専門的な組織もいち早く整備されました。

地震学の基礎的な研究と防災の研究に重点を置き、全国の優秀な研究者を育成する目的で、1925年11月に東京帝国大学付属地震研究所が発足しました。同研究所の入り口に掲げられた金属プレートには、1891年の濃尾地震や1923年の関東大震災を受けて、地震研究の必要性が高まった経緯が記されています。

石本巳四雄（みしお）は1935年に出版した『地震と其の研究』（古今書院）の中で、①地表の断層線から震動が発生するという先入観を持つべきではない、②地震は地下の硬い岩盤の中で起こっているが、岩盤のひずみを起こした本当の原因はそれより深部でのマグマの流動である可能性を視野にいれるべきである、と的確な指摘をしていました。

本文で述べたとおり、海洋プレートが大陸プレートの下に沈み込み、そこに生じたひずみが解放されるとき、地震が発生する……。**日本で芽生えていた正しい地震学の発展を阻んだのは、このプレート説**です。そのせいで日本の地震学は進歩が止まってしまい、50年以上にわたり実のある成果を挙げていません。

しかしプレートの枚数は現在も確定しておらず、プレートが衝突したり沈み込んだりするとされている場所から2000㎞以上も離れた中国内陸で起きた四川大地震は説明できません。

地震の発生原因は、地球内部の熱移送であり、大地震発生前には必ずその周辺で熱移送と火山性群発地震が起きています。

プレート説に基づいて地震予知研究をしているのは日本だけ。活断層が動いて直下地震が起きると思っているのも日本だけ。ほとんど信仰と言っていいプレート説を真剣に見直す時期が来ていると思います。

迷路に入っている地震学が早く正しい路線に戻ることを願うばかりです。

「プレート説の呪縛」を解いて自由闊達な議論を

近年、大学の理学部で地学系の専攻を希望する学生の中で、地震学を学び、研究者になりたいという希望者が減っているそうです。

関係者によれば、地球物理系の研究室の定員は、地表から見て上のほうから埋まっていくと言われています。つまり、天文学の希望者が最も多く、その次は気象学、地震学はその後になるとのことです。

現在、日本の地震学会を牽引する研究者は「日本沈没世代」と呼ばれているそうです。

1970年代に『日本沈没』の小説や映画などに触発されて、地震学を志した人たちが多かったからです。

本文でも何度か触れた『日本沈没』はその後、2006年に再び映画化されました。地震学に興味を持つ人を増やす絶好の機会だとして、東大地震研究所の有志が映画の作成に全面協力しましたが、肩すかしに終わってしまいました。

リバイバル映画を見て「地震学を志した」という学生はほとんどいなかったのです。2021年にも『日本沈没』はTBSでドラマ化されましたが、あまり話題になりませんでした。

1970年代にプレート説が日本に紹介された際、誰もが「これで地震発生のメカニズムがわかり、地震の予知はできる」と期待しましたが、その後、地震学者の予知は当たったためしがなく、想定外の地震発生に狼狽するばかりです。

地震予知が成功しないのは、地震の発生メカニズムを間違って理解しているからです。

「論より証拠」

いくらもっともらしい学説を述べたところで役に立たなければお払い箱のはずです。

プレート説は今でも生きのびていますが、ゾンビ化した現在、若者がこれに魅力を感じることはないでしょう。地震学自体の魅力がなくなってしまったことの証左だと言わざるを得ません。

「プレート説の呪縛」を解いて、若い人たちがもっと自由闊達に議論を展開できる環境を一刻も早くつくるべきです。

かつて新聞記者たちは「社会の木鐸」と呼ばれていました。人々に警告を発し、社会を導く人という意味です。

科学ジャーナリズムに従事する人々はこのことをもう一度思い出し、その場しのぎに終始する地震学者の矛盾を鋭く指摘し、地震学の健全な発展のために一肌脱いでいただきたいと強く願っています。

「温故知新」

「過ちを改むるにはばかることなかれ」

地震学に携わる人々は1日でも早く1960年代に戻って再チャレンジをスタートしてほしいものです。

地震大国日本では近い将来、必ず大地震がやってきます。その際の被害を最小化する観点から、本拙書が少しでもお役に立てれば幸いです。

最後に、本書の出版にあたっては、株式会社方丈社社長の宮下研一氏、編集担当の山田雅庸氏にご尽力いただきました。

この場を借りて心よりお礼申し上げます。

2024年7月

角田史雄

【主要参考文献】

星野通平『反プレートテクトニクス論』イージー・サービス出版部　２０１０年
泊次郎『プレートテクトニクスの拒絶と受容』東京大学出版会　２０１７年
中西正男　沖野郷子『海洋底地球科学』東京大学出版会　２０１６年
松澤武雄『地震の理論とその応用』東京大学出版会　１９７６年
横山裕道『いま地震予知を問う　迫る南海トラフ巨大地震』化学同人　２０１４年
黒沢大陸『「地震予知」の幻想　地震学者たちが語る反省と限界』新潮社　２０１４年
木村学・大木勇人『図解・プレートテクトニクス入門』講談社　２０１３年
中島淳一『日本列島の未来これからも起こる地震や火山噴火のしくみ』ナツメ社　２０２１年
ロバートゲラー『日本人は知らない「地震予知」の正体』双葉社　２０１７年
神沼克伊『あしたの地震学　日本地震学の歴史から「抗震力」へ』青土社　２０２０年
小沢慧一『南海トラフ地震の真実』東京新聞　２０２３年
角田史雄『地震の癖　いつ、どこで起こって、どこを通るのか?』講談社＋α新書　２００９年）
角田史雄『首都圏大震災 その予測と減災』講談社＋α新書　２０１１年
角田史雄・藤和彦『次の「震度7」はどこか！ 熊本地震の真相は「熱移送」』ＰＨＰ研究所　２０１６年
角田史雄・藤和彦『徹底図解 メガ地震がやってくる！』ビジネス社　２０２１年

〈著者紹介〉

角田史雄（つのだ ふみお）

1942年群馬県生まれ。埼玉大学名誉教授。

1973年、理学博士号取得。1982年、埼玉大学教養部教授。1995年、埼玉大学工学部教授。2006年、埼玉大学理工学研究科教授。2008年より現職。埼玉県大規模地震被害想定委員、埼玉県環境科学国際センター研究審査委員などを歴任。

主な著書に『地震の癖　いつどこで起こって、どこを通るのか？』『首都圏大震災 その予測と減災』（以上、講談社＋α新書）などがあるほか、藤和和彦との共著に『次の「震度7」はどこか！ 熊本地震の真相は「熱移送」』（PHP研究所）、『徹底図解 メガ地震がやってくる！』（ビジネス社）がある。

藤 和彦（ふじ かずひこ）

元内閣官房内閣情報分析官。

1960年、愛知県生まれ。早稲田大学法学部卒業後、通商産業省（現経済産業省）入省。エネルギー政策などの分野に携わる。1998年、石油公団へ出向（備蓄計画課長、総務課長）。2003年、内閣官房出向、内閣情報調査室内閣参事官及び内閣情報分析官（グローバルシステム担当）。2011年、公益財団法人世界平和研究所（中曽根研究所）出向、主任研究員。2016年から独立行政法人経済産業研究所上席研究員。2021年から同コンサルティングフェロー。

主な著書に『日露エネルギー同盟』（エネルギーフォーラム）、『原油暴落で変わる世界』（日本経済新聞出版）、『石油を読む 第3版』（日本経済新聞出版）、『日本発　母性資本主義のすすめ』（ミネルヴァ書房）、『国益から見たロシア入門』（PHP新書）、『ウクライナ危機後の地政学』（集英社）、『人は生まれ変わる』（ベストブック）、『大油断』（方丈社）などがあるほか、角田史雄との共著に『次の「震度7」はどこか！ 熊本地震の真相は「熱移送」』（PHP研究所）、『徹底図解 メガ地震がやってくる！』（ビジネス社）がある。

南海トラフM9地震は起きない

「想定外逃れ」でつくられた超巨大地震の真実

2024年9月5日　第1版第1刷発行
2024年9月12日　第1版第2刷発行

著者　角田史雄　藤和彦
発行人　宮下研一
発売所　株式会社方丈社
〒101-0051　東京都千代田区神田神保町1-32
星野ビル2F
Tel.03-3518-2272　Fax.03-3518-2273
https://www.hojosha.co.jp/
印刷所　中央精版印刷株式会社

ISBN978-4-910818-19-1

方丈社の本

大油断

日本が陥る史上最悪のエネルギー危機

藤 和彦 著

無極化する世界で、第五次中東戦争が勃発すれば、原油の９割を中東に依存する日本はすぐさま未曾有のエネルギー危機に陥る！　米国という強力なリーダーがいなくなった国際社会では「何が正しいのか」のではなく「国益に資するために何をすべきか」が重要になり、「誰が勝つのか」「誰の側につくべきなのか」という判断ばかりが重視されるようになる。「学級崩壊」状態の世界情勢の中で日本が生き残るためにはどう立ち回ればいいのか？　元内閣官房内閣情報分析官が最新の世界情勢を精密に分析。現実的な解決策を具体的に提示する。

四六判並製　240頁　定価：1,600円＋税　ISBN：978-4-910818-15-3